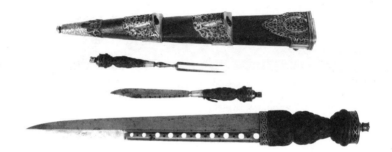

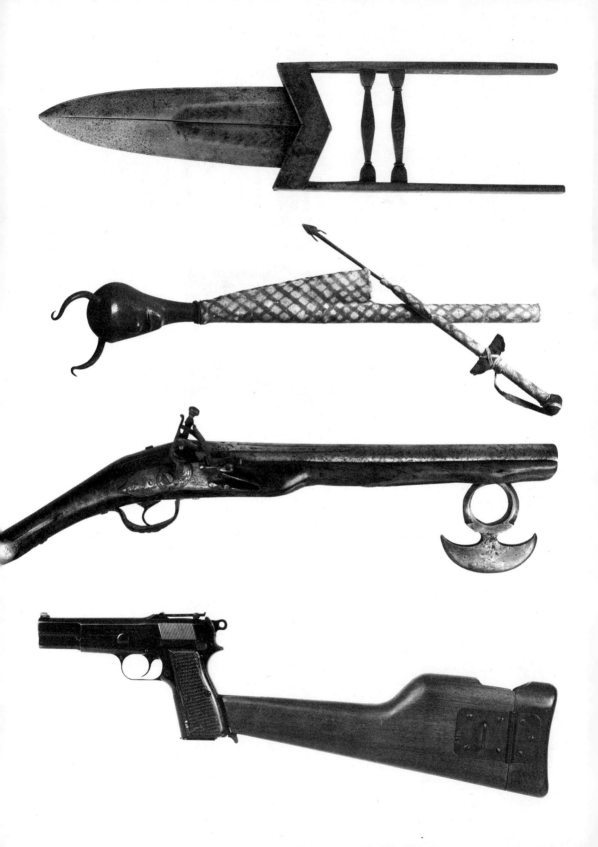

◎ 畅销不衰的优秀科普读物 ◎

图说武器的历史

吴 浩 编译

光明日报出版社

图书在版编目（ＣＩＰ）数据

图说武器的历史 / 吴浩编译 . -- 北京：光明日报出版社，2012.6（2025.1 重印）
ISBN 978-7-5112-2374-6

Ⅰ . ①图… Ⅱ . ①吴… Ⅲ . ①武器—军事史—世界—通俗读物 Ⅳ . ① E92-091

中国国家版本馆 CIP 数据核字 (2012) 第 076444 号

图说武器的历史

TUSHUO WUQI DE LISHI

编　译：吴　浩

责任编辑：李　娟　　　　　　　　　　　责任校对：张荣华
封面设计：玥婷设计　　　　　　　　　　封面印制：曹　净

出版发行：光明日报出版社
地　　址：北京市西城区永安路 106 号，100050
电　　话：010-63169890（咨询），010-63131930（邮购）
传　　真：010-63131930
网　　址：http://book.gmw.cn
E – mail：gmrbcbs@gmw.cn
法律顾问：北京市兰台律师事务所龚柳方律师

印　刷：三河市嵩川印刷有限公司
装　订：三河市嵩川印刷有限公司
本书如有破损、缺页、装订错误，请与本社联系调换，电话：010-63131930

开　本：170mm×240mm
字　数：205 千字　　　　　　　　　印　张：14
版　次：2012 年 6 月第 1 版　　　　　印　次：2025 年 1 月第 4 次印刷
书　号：ISBN 978-7-5112-2374-6

定　价：45.00 元

前 言

　　从旧石器时代第一次握在手里的石块到21世纪的突击步枪，武器已经成为人类历史必不可少的组成部分。随着早期人类的进化，他们所掌握的技术也在发展。小小的石块成为专业工具和武器。这些人类早期的技术革新有助于他们寻找食物，保护自己的家人和居住地域。随后，制造石器的技术被冶金技术所取代，随着人类经历每一个历史发展阶段，铜、青铜和铁，在武器当中得到更多应用与开发。随着农业和动物驯养时代的来临，人们对武器的依赖逐渐从猎取食物转向保护自己免于受到野兽和其他人的攻击。新获得的财产（食物、动物和居所）代表着内在的财富，它们会给人们带来相应的地位。人类使用武器来保护这些财产。

土耳其斧头

　　早期的武器只有在肉搏战中才有效力。火药引入欧洲，使得随后的武器和战争发生了根本的变化。火药在军事上应用的首次记录出现在公元919年。在11世纪的中国，装满火药的炸弹从发射弹弓上被点燃。英国哲学家罗格·培根记录了欧洲人在13世纪初次使用火药。大约1326年，意大利佛罗伦萨的钟表制造匠制成了大炮。在14世纪，手持火器开始出现。当金属炮弹可以穿

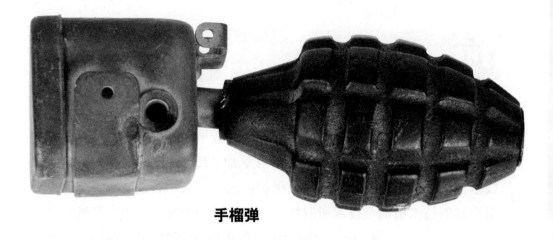

手榴弹

透盔甲之时，虽然金属盔甲还是必需的，但常常在防御火药和铅丸方面表现得极为糟糕。很快，肉搏战就仅仅被当成最后的防御手段。

新型武器的设计并不是军人们的事。

莱昂纳多·达·芬奇是伟大的文艺复兴时代的艺术家和发明家，他痛恨战争，然而却为武器的结构、功能以及漂亮的外观和实用性所着迷。这必然成为其巨大天赋应用于开发各种各样的武器（包括飞弹、多管机枪、手榴弹，甚至包括一种现代型的坦克）的初衷。与这些早期的武器一样致命的是，可以使手枪一次发射多枚子弹的技术直到几个世纪以后才出现。枪的出现并没有使其他武器过时；匕首、剑和其他武器在战斗中仍然需要。为了克服单发枪械的缺陷，人们开发了复合武器——那些具备多种功能的武器。单发枪配上刺刀，战斧包括一支装在枪托上的枪。如果射击偏离目标，枪的使用者就会有另外一种防御资源。复合武器在今天还在继续制造。最近的一个例子就是，一个装有5.58毫米口径微型手枪的移动电话，它能够被恐怖分子用于暗杀活动或者逃避安检系统。

多发武器出现在19世纪。早期被称为"胡椒盒子"的多发武器可以射击5~20次。

也许最著名的多发枪械是转管机枪，每分钟可以发射800颗子弹。如果它能早点引入的话，这可能就意味着联邦军队会更早地取得美国内战的胜利。20世纪的多发枪获得很大发展。最著名的一种多发枪就是性格暴躁的20多岁的匪徒迪林格、邦妮和克莱德等人使用的汤普森冲锋枪。多发机枪一旦

"枪的出现并没有使其他武器过时；匕首、剑和其他武器在战斗中仍然需要 。"

被军队采用，就会改变战争。如果使用单发枪，重装子弹时，敌人就会迫近；而如果使用机枪，那么在开放的战场上行进则变得更为致命，狙击手可以从战壕和障碍物后开火。坦克和其他装甲车出现在20世纪，通过保护在开阔的战场上行进的士兵来减少战争伤亡。

在现代，技术继续改变着武器在社会中发挥作用的方式，但是今天的武器技术并没有使枪炮过时。虽然，精确制导导弹在军事上的使用已经成为现代军队实现目标的方式。然而，枪炮和匕首在战争中仍然发挥着重要作用。

除了作为财产以及其构成材料的内在价值外（阿巴斯一世和凯瑟琳大帝拥有的波斯圆月弯刀就是一个很好的例子），在整个历史上，武器都代

阿巴斯一世和凯瑟琳大帝拥有的波斯圆月弯刀

表着社会地位，清楚地证明一个人的财产和权力。许多早期的武器十分昂贵，只有有钱人才买得起。欧洲与亚洲的统治者都有黄金或白银铸成的武器，并且上面镶有宝石。他们不仅借此向本国人，而且也向访问他们国家的那些人，炫耀他们的财富。

许多漂亮的武器都来自波斯周边地区（也就是现在的伊朗）和近东。如黄金饰物（被称为波形花纹）装饰的钢刃，红宝石、绿宝石和其他宝石装饰的刀柄。今天，武器还是以不同的方式表现着买主的地位。拥有最多武器或者最大兵工厂的国家有着最强大的军事力量，而军事力量又象征着高人一等的世界地位。

除了实际应用之外，武器对于收藏者和博物馆有着非同寻常的吸引力，因为它们的技术、材料、手工和美观。最为普通的武器也在讲述着它们被制造和使用的那个时代和社会的故事。虽然武器被用于或不断地被用于杀人的目的，但透过它的发展史仍能使我们看到人类社会的不断发展。

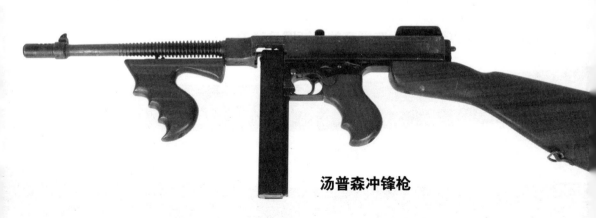

汤普森冲锋枪

目　录

扫码获取更多资源

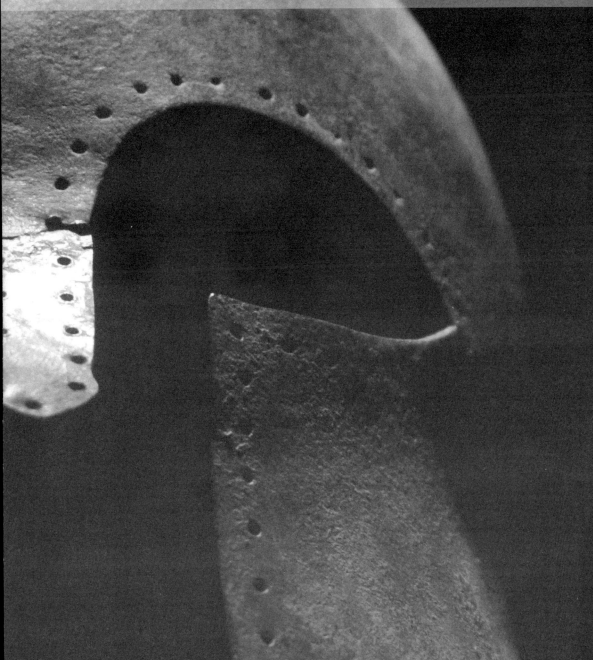

第一章
史前和古代的武器

"允许我不去虚度岁月，而是用生命去换取最美的赞歌。这件武器，这根长矛，帮助我很好地去夺取战利品。鲜血流淌在刀光剑影之处。"

——维吉尔 《埃涅伊德》

　　武器史始于早期原始人类制造的第一块天然石器，也许这要出现在 500 万年之前。在公元前 15000 年到公元前 10000 年的某个时候，早期的现代人为了制造有效用的斧头、刀和矛头重新规制了制造工具的过程。而随着弓箭和刀的出现，这个石器时代也走向了终结。这些早期的武器，连同梭镖投射器（投掷长矛用的工具），以及像流星锤这样的专门工具，被用于狩猎。人类，到底何时何地，通过我们视之为战争的方式，将这些武器放在彼此跟前，仍然是一个有争议的问题。

　　人类在武器技术方面的一个巨大进步出现在人类发现如何熔化矿石以生产金属之时——首先是铜，然后是青铜，最后是铁和钢。这些金属使得刀刃和子弹更为耐磨。

石制的武器

在 500 万年到 150 万年前，早期的原始人——南方古猿，生活在非洲的欧杜瓦伊峡谷。在某个时候，他们中的某个人切下一小片石头用于抵御其他人的攻击，从而制造出天然的刃刀——第一件工具。这件小事是人类生产技术（包括武器）的"大爆炸"。

工具的时代

在几百万年的时间里，第一个原始人通过一系列连续的阶段进化成智人，智人又进化成现代人。与此同时，另一个群体——尼安德特人，也出现并最终灭绝，然而他们究竟是现代人的祖先，还是一个不同的种属仍然存在争论。大约 300 万年前，当人们学会制造石制工具时，他们进入了石器时代。

"石器时代"这个术语过于宽泛，是不准确的。虽然石制工具被金属工具所取代，但石器时代是在世界上不同的地方不同的时间结束的。在我们当今的时代，就技术水平而言，世界上偏远地方的土著人仍然处在石器时代的水平。

这一点很难做出定论，考古的证据往往是支离破碎或自相矛盾的。然而工具制造技术方面的下一次大进步出现在 60 万到 100 万年以前，像手斧这样具有多种用途的石制工具取代了天然的石器。在稍后的一段时间里，人类发明了从石头中"切取"薄刃的复杂技术。燧石是得到人们偏爱的原材料，有证据表明欧洲早期的人类会行进 100 千米到 160 千米去获取好的燧石。这些由燧石制成的工具被用于从挖掘可食用的根茎到根除动物毛皮等各种用途。

在前农业时代，获取食物是最主要的事。食物、坚果和根茎可以采集，但是动物只有通过打猎才能获得。矛是最早的用于猎杀哺乳动物的武器，大约公元前 25 万年到公元前 10 万年，猎手们学会了将木制的矛头放在火中使其变硬或者用带刃的石头将其削尖的技术。梭镖投射器或者其他抛矛装置的出现大大增加了矛的投掷范围和力量，而骨制的或由鹿角制成的矛头往往带有尖钩以便于刺入动物的身体。弓箭与现代样式的刀一样都出现在大约公元前 1 万年。

从狩猎到战争

这些用于狩猎的武器是如何以及何时用于杀人而不是猎杀动物，以及战争在何时作为一种有组织的人类活动，目前都还是存在争议的问题。在人类学领域，没有什么论题要比"人类对其他人的侵犯是天生就存在我们的 DNA 中，还是由于不同的文化传承造成的"这一论题得到更多热烈的讨论。然而有可能的是，史前的人类会为了狩猎的场所发生争斗，尤其是整个阶段发生的气候变化改变了地貌的时候会更为明显。

1964 年，考古学家在撒哈拉的高山地带（靠近苏丹边境的埃及的一个地方）发现了 50 多具公元前 12000 年到公元前 5000 年的人类尸体——既有男性又有女性。他们都是被用带刃的石头武器杀死的。对于某些考古学家和历史学家而言，这些尸体的数量和死亡的方式就是史前战争往往不仅仅是单纯的袭击和地区冲突的证据。对这一证据提出的其他争议往往并不具备说服力。

在这之前，人类已经开始从狩猎、采集转向农业和定居生活。两个早期的人口聚集区——杰里科（在现在的以色列）和卡达尔旭克（在现在的土耳其），第一次出现于公元前 7000 年到公元前 6000 年。它们建有坚固的城墙，这一方面表明它们的居民害怕受到攻击，另一方面也使他们的居所变得坚固。与撒哈拉的高山地带一样，杰里科和卡达尔旭克同样使得许多历史学家相信现代意义的战争爆发时间要远远早于我们先前的认识。

向农业社会的转变造成了城邦的出现，之后就是帝国的出现，这些帝国拥有装备着杀人武器的职业军队。实际上，火器出现之前，欧洲军队使用的大多数武器（持续了几个世纪），以及世界上其他地区使用的武器——像弓、矛、剑和刀的发展都有它们的史前原型。

滑石石铲

这个带刃的石铲由滑石、各种包含高白垩成分的皂石制成。由于很容易变形，滑石被早期人类用于制造工具、装饰品，以及武器。这件样品来自于现在的美国南部密西西比当地的文明（公元前 1500 ～公元前 1000 年）。

绿岩石凿

考古学家使用石凿这个术语来描绘早期人类使用的石斧（后来变成了青铜斧）和扁斧头。这些来自北美的石凿是由绿岩制成的。这是一种在河边就能找到的坚硬的岩石，很难加工，但是其耐用性却和金属相似。虽然这些石凿被用作砍伐树木的工具，但是它们和其他一些类似的带刃石器一样都是战斧之类武器早期雏形。

流星锤

像抛锚器一样，流星锤（来自西班牙语 Boleadores 或者 balls）是一种简单、实用而高效的武器。南美的土著人首次用它来猎取驼马之类的动物。正如下图展示的，它由系在绳子上的圆形重物（通常是 3 个，有时更多）构成。使用者在头上抡起绳子旋转，然后将流星锤抛向动物将其缠在它们的腿上。流星锤可以将猎物固定在原地，而不伤害或杀死它。南美的高楚牧人（牛仔）后来使用流星锤来套牲口。

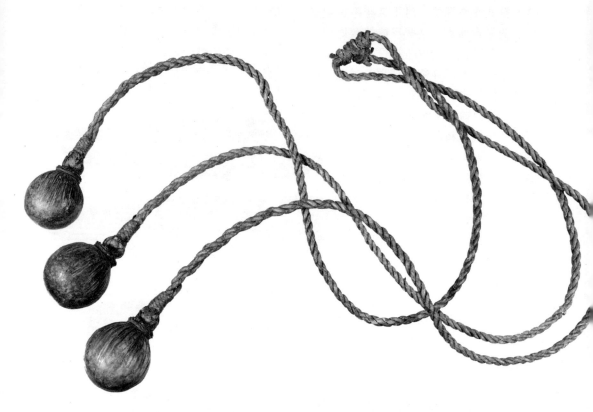

"一群人竭尽全力尽可能靠近牧群……每一个人都身背四五副流星锤。"

——查尔斯·达尔文对高楚牧人用流星锤套不易驯服的家畜的描述 《比格尔游记》 第 29 卷

梭镖

　　早期最为有效的武器是梭镖投射器或抛矛器。梭镖投射器由一个有槽的长杆构成，使用者在槽里放置矛或梭镖；长杆底部一个钩状的凸出物将抛射物支撑在合适的地方，直到使用者准备向目标"开火"。梭镖投射器赋予梭镖额外的力量，使得它可以比手抛梭镖更快的速度飞行，由此增加了命中目标的概率。后来对梭镖投射器的基本样式进行了改进，增加了一个小的重物，或一块旗形的石头（正如左图所展示的）来增强阻力。梭镖投射器在世界各地从公元前18000年之前就一直在使用。在一个熟练的使用者手中，由抛射器发出的梭镖能够抛射到69米到70米的范围，从而击中最大的猎物，包括长满毛的猛犸象。后来，弓和箭在许多文明中最终取代了梭镖投射器，然而对于某些人（像墨西哥阿兹台克人）而言，梭镖投射器变成了战争的武器。梭镖投射器来自阿兹台克语，Nahuatl。当赫尔南·科尔特斯和他的西班牙征服者们于1519年侵入阿兹台克帝国时，他们吃惊地发现由投射器发射的梭镖竟然能够穿透他们的盔甲。

斧头

　　1000年到1500年前的一个有全槽的斧头。石槽可以让斧头装上木制的把手。

青铜时代

对人类而言，青铜时代是一个技术巨大进步的时代。在这个阶段，人类通过提炼、溶解和锻造金属矿石，第一次学会了如何制造工具和武器。"青铜时代"这个术语是具有弹性的，因为不同的文明是在不同的时代制造了这些金属工具。这个术语也有些用词不当，因为在最早的阶段，人们使用的是黄铜而不是纯的青铜（一种大约90%的黄铜和10%新的合金）。这个时代有时也被划入红铜时代（金石并用时代）。黄铜在公元前3500年到公元前3000年的中国和东地中海地区就已被人们所了解，在接下来的1000多年里，黄铜和后来的青铜的使用技术传入了欧洲，并且在南美得到了独立发展。

黄铜、青铜……铁和钢

黄铜，尤其是青铜武器，在强度、锋利，以及耐用性方面具有很大的优点。这些金属的发展意义如此重大，以致历史学家认为，由于它们创造出一个熟练的金属匠阶级，从而推动了城市文明的发展。此外由于商人要跑到遥远的国外去寻找黄铜和锡矿，从而也加强了分散在各地的人们之间的联系。

黄铜和青铜武器也有助于古代军队彻底打击未曾掌握这项新技术的敌人。然而，青铜也有一些缺点——主要是虽然黄铜矿石很常见，但是锡矿主要集中在英国和中欧的几个地区。

铁是另外一种矿藏丰富的矿石。一

矛头

这是一件青铜时代晚期的现代复制品，来自迈锡尼时代——一个以希腊城邦命名的时代，它从公元前3000年到公元前1000年。这个矛头有一个槽状的、叶形的锋刃，总长度为70厘米。

波斯箭头

这件武器由坚硬的青铜制成，发现于波斯（现代的伊朗）的卢里斯坦山区，使用于大约公元前1800年到公元前700年。至今，到底是谁制造了这件武器和类似的武器尚有争论。这类武器可能是由游牧部落从现在的俄罗斯带到当地的，或者是由当地制造的。

旦铁匠们想出如何利用木炭获得高温去熔化铁矿石，以及如何通过不断地锻打和在水中降温将铁器回火的方法，铁制的武器就开始取代那些黄铜和青铜武器。虽然更早就发现了铁矿石，铁制武器取代青铜武器这一过程在世界上发生于不同的地方和不同的时间，历史学家却通常将铁器时代的开始划在公元前1200年到公元前1000年。大约1000年后，印度和中国的金属匠学会了如何将碳与铁放在一起炼制出更为优质的金属——钢。

青铜匕首

这是一种极其罕见的青铜时代的匕首——其中一件发现于卢里斯坦。青铜匕首使用于公元前1200年到公元前800年，一般有28厘米长的双刃，以及精致的、带有指槽的剑柄。

斧头

一柄青铜时代的铜斧。这柄铜斧曾持在"冰人"奥茨手里——一具男性木乃伊，生活在公元前3300年，其尸体于1991年被发现于澳大利亚边境的一条冰河里。关于奥茨死亡原因，一种观点坚持认为，他死于一群试图夺取这柄铜斧的猎手给他造成的伤口。

短剑

这柄希腊单刃短剑，制造于公元前3200年到公元前1150年。带花纹的剑柄和下面的剑柄圆头是后来装上去的。

美洲人和大洋洲人的武器

对于许多欧洲人称之为"新大陆"——美洲和太平洋诸岛——的土著人而言，战争就是一种生活方式。在某些文明中，每一个不和周围人订有具体盟约的人都被视为敌人，年轻的男性只有经受战争的洗礼，才称得上一个真正的男人。与此同时，发生在这些地方的战争，在观念上也不同于维克托·戴维斯·汉森所界定的以歼灭敌人为目标的"西方式的战争"。

使用"传统的"武器

在许多土著人的社会里，武士的财富就是证明个人的勇气（由此提高他的社会地位），就是获取战利品，抓住敌人或者使其充当奴隶，或者将其（像在墨西哥的阿兹台克帝国那样）作为祭祀的祭品。在玻利尼西亚，战争常常要有隆重的仪式，严厉的规则，例如，弓箭在战争中被严禁使用，而在正式的竞赛中却得到了使用的许可。

棍棒、弓箭和矛是这些地区武士们使用的主要武器，其中某些人使用这些武器，甚至一直延续到欧洲和美国的贸易商带来枪支出售。这是因为使用传统的武器（要求使用者接近他的对手）会带给武士们更多的荣誉。然而，火器对土著人的效力并未丧失，特别是当他们的生命和土地丧失到白人手中时。一个英国水兵，在1790年遇到了一个阿拉斯加的特里吉特人，他总结了土著人在武器使用方面巨大的发展："他们以前的武器，弓箭、矛和棍棒都被抛在一边或遗忘了。在努特卡——每个人都有自己的步枪。由此，他们配备着武器，而这些武器一旦被他们拥有，就会被用于反对向他们提供武器的人。海岸边没有几条船没有遭到过攻击……通常许多人……横尸两岸。"

西北部印第安人的战棍

这种战棍在许多北美人当中是一件普通的武器。这里展示的是来自太平洋西北部的2根独特的战棍样品。这种战棍的刻工和装饰表明它可能用于礼仪之用。

亚马孙矛

一种卡拉加人（他们居住在阿拉瓜亚河畔，巴西热带雨林深处）使用的长矛。这些矛常常饰有鹰和鹦鹉的羽毛。

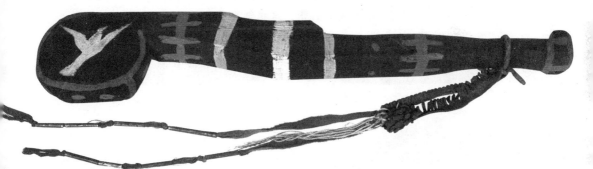

特里吉特人的棍棒和鼓

南部阿拉斯加的特里吉特人在战争中使用的正式的棍棒（见上图）和鼓（见右图）。特里吉特人的棍棒由许多材料制成，包括象牙和骨头，还有一种特殊的棍棒用于在祭奠中杀死战斗中俘获的敌军俘虏。

大平原地区印第安人的战棍

　　北美大平原的苏族人（达科塔人）的战棍，有一块石头固定在木棒上。对于大平原上的勇士们而言，没有什么事情能够比使用这样的武器和敌人进行短兵相接——"给予敌人猛地一击"具有更大的荣誉了。

苏族人的舞棍

　　宗教仪式上的音乐和舞蹈，在包括苏族人在内的许多北美土著人的精神生活中发挥着重要的作用。这根饰有珠状物的棍子被用于这些正式的礼仪中。

毛利人的帕图

　　这种短柄的战棍，又叫帕图，是新西兰的毛利人的主要武器。正如这里所展示的，帕图可以由杉木、鲸骨和玉石刻成。它的把手上的洞可以穿进一根皮绳，系在勇士的腕上。

准备战斗

　　著名摄像师威廉·亨利·杰克逊大约拍摄于1895年的彩色的照片，表现了一名斐济族的勇士和他手里的战棍。与东南亚的波状刃短剑一样，战棍被认为会赋予勇士以精神的力量，战争中经常使用的战棍常常被放在庙宇中作为崇拜的圣物。

斐济族的战棍

　　玻利尼西亚人的战棍是木制的，并有蓝色的饰物。在某些地区，尤其是在夏威夷群岛，这样的战棍边上镶有鲨鱼的牙齿。

斐济族的贾拉古拉

　　斐济族的贾拉古拉，一种战棍，有天然的牙"刃"。斐济族的勇士们使用各种各样的战棍，有时它们的战棍上饰有被杀死的敌人的牙齿。

弓和弩弓

弓箭的使用至少要追溯到中石器时代（公元前8000～公元前2700年），这种武器对世界各地的人来说，都是很普遍的。弓箭提供了一种远距离的杀人方法，这是狩猎战争中（特别是复合弓在大约公元前3000年开始使用之后）的一个巨大进步。复合弓使用皮筋和牛羊角来加固木制弓，赋予它更大的力量、弹性和完整的效力。后弯弓的发展（箭射出时弓面的顶部正好与弓箭手相对），是另一大技术进步：后弯可以更为有效地用力，这是因为后弯弓更短，比直弓压得更紧，它们更适于在马背上使用。

弓箭手军队

马背上的弓箭手，常常和战车作战，是亚述和埃及这样古代帝国军队的重要组成部分。然而，希腊和罗马更偏爱剑和矛。欧洲军队的弓箭手和步兵团相比相对落后。后来像长弓和弩弓这样的弓箭在欧洲中世纪重新得到广泛使用。

然而，在地中海以东，弓箭仍然是中亚"马背上"的游牧民族的主要武器。也许最伟大的弓箭技术大师是蒙古人，每个蒙古骑兵都背着一张短复合弯弓和各种有专门用途的箭——一些是针对远距离目标的，一些是用于近距离作战的，还有一些是用于射杀敌军战马的。

长弓和弩弓

长弓最初出现于威尔士，后来被英国采用，并在英法百年战争（1337～1453年）中用于拼死抵御法军。它由榆木或紫杉木制成，长约1.8米，这种武器有效射程达到183米。它并非总是直接瞄准单个目标。英国的长弓手们擅长从上面将密集的箭射

向敌人。这对法国的骑士们具有如此大的杀伤力，以至于1415年阿金库尔战役之前，有人写道："法国人正在吹嘘他们会切掉所有被俘虏的英国弓箭手右手的3根手指，这样兵士或马匹就不会被这些弓箭手射死了。"长弓的劣势在于它需要很大的力量和大量的训练才能有效地使用。

弩弓，主要用于欧洲大陆。它有一个短弓与木制（有时也是金属的）底座连接，并和它成90度直角。它既可发射普通的箭，也可发射一种称之为"四角弩箭"的金属弩箭，其射程在305米。在火器引进之前，弩弓是欧洲战争中技术最为先进的武器。在1139年，教会极力地禁止使用弩弓（至少禁止用于天主教国家反对天主教国家的战争）。然而，弩弓的发射比较缓慢，拉动弓弦（或者通过一个绞盘状的设备来拉动或者要把脚放在固定在底座上的"蹬形物"上，将弩弓往上拉）需要大量的时间和力气。

火焰箭

　　这种箭也可以成为放火的武器。其顶端粘有引火之物，将其点燃，火焰箭就会飞入敌军工事将其引燃，或者飞入敌军阵营引起恐慌和混乱。这里展示的火焰箭来自 1386 年瑞典和奥地利军队发生战争的森帕赫战场。

非洲弓

　　这些非洲弓反映了非洲大陆地域和种族的多样性。那些居住在丛林地区、打猎往往是在近程范围的人，使用相对短的弓。那些居住在现在肯尼亚高地的人则使用长弓。

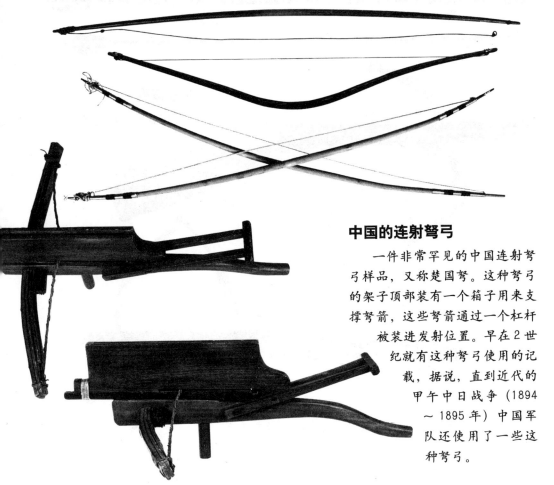

中国的连射弩弓

　　一件非常罕见的中国连射弩弓样品，又称楚国弩。这种弩弓的架子顶部装有一个箱子用来支撑弩箭，这些弩箭通过一个杠杆被装进发射位置。早在 2 世纪就有这种弩弓使用的记载，据说，直到近代的甲午中日战争（1894～1895 年）中国军队还使用了一些这种弩弓。

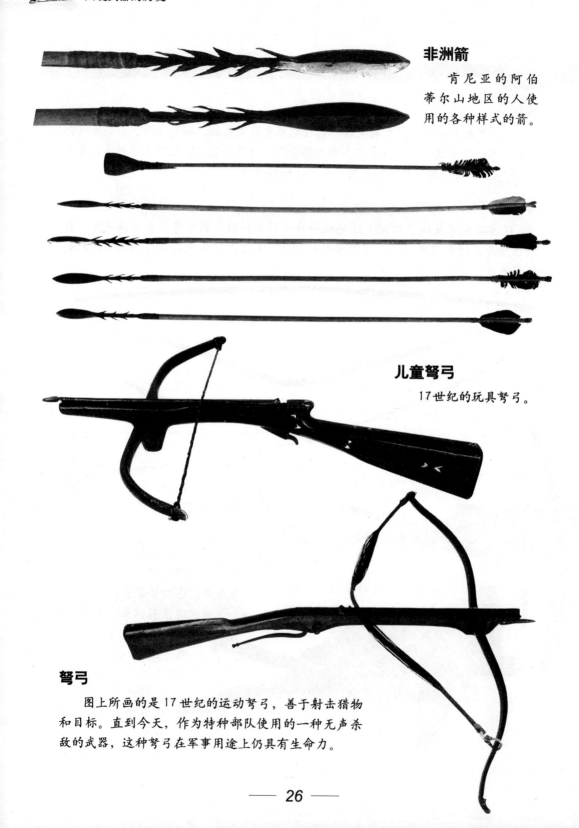

非洲箭

肯尼亚的阿伯
蒂尔山地区的人使
用的各种样式的箭。

儿童弩弓

17世纪的玩具弩弓。

弩弓

图上所画的是17世纪的运动弩弓，善于射击猎物
和目标。直到今天，作为特种部队使用的一种无声杀
敌的武器，这种弩弓在军事用途上仍具有生命力。

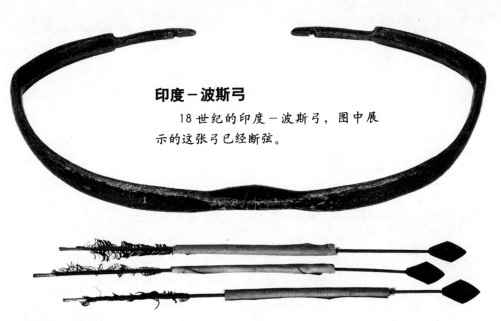

印度－波斯弓

18世纪的印度－波斯弓，图中展示的这张弓已经断弦。

日本的信号箭

这些箭不仅被用作战箭，也被用于发射信号。这些18世纪的日本箭的箭杆上缠有一小块布标，用来引火。

中美洲印第安人的箭

中美洲和南美洲的土著人制作了漂亮的弓用于狩猎、捕鱼和战争；箭常常粘有箭毒或其他毒物。这里展示的弓来自巴拿马。

非洲箭袋

大约1900年前的一个非洲箭袋（装箭的容器）。由柳条编织而成，并用树脂防水，它既可以装传统的箭，又可以装毒箭。

第二章
不断变化的战争方式

"勇敢、倍经磨炼的武士们，现在已经准备好为他们的国王而战死。他们每个人手里都握紧武器，每个人都是战场上的好手。"

——《薄珈梵歌》

在罗马帝国灭亡后的几百年里,武器技术的发展仍然相对停滞。马镫在欧洲的使用,大致是在 9 世纪到 11 世纪,这造成了配备长矛和剑(骑马的)的骑士在欧洲战场上的统治地位(还结合着许多其他因素)。这些骑士有步兵团支持,他们配有各种类型的武器(从粗糙的棍子、农具、长矛,到连枷、锤棍、重戟之类更为复杂的武器)。与此同时,人穿的盔甲也出现了,锁子甲最终被金属盔甲所取代。然而,甚至身披重甲的中世纪骑士也忌惮两样新的武器发明:长弓和弩弓。与此同时,波斯、印度、中国和日本工匠们也制造出非常漂亮的武器。

锤棍和连枷

锤棍（一根宽头的较沉的棍子，顶部装有长钉或圆形金属物）有它史前时代的原型。最早的锤棍出现在青铜时代，锤棍在战争使用的最早记载来自公元前 3100 年的古埃及历史学家纳尔迈·帕利特。虽然在古典时代的"旧大陆"锤棍类型的武器使用减少，但是，在中世纪由于它们在应付盔甲方面的效力，锤棍重新获得了新的生命。连枷是对锤棍的改造，它有一个通过锁链连在杆上的长头；它可能起源于将谷壳和谷子分离的农具。

中世纪的锤棍

中世纪锤棍的复兴是对战争中越来越多地使用锁子甲，以及稍后的钣金甲做出的一种反应（不仅在欧洲，也在北非和印度次大陆）。这些锤棍（现在主要是铁质和钢质的）并不一定能刺穿盔甲。一张强弓足以砸碎一个敌人的肢骨和头骨，打晕或使他残废。然而，在 11 ~ 13 世纪出现了凸缘锤棍。这些凸缘锤棍有金属刃的长头，能够穿透盔甲。其他类型的凸缘锤棍携带长钉，也具有穿透盔甲的性能。

锤棍最为普遍地被步兵使用，但是稍短类型的锤棍适用于骑兵，常常被骑士使用。由于制造成本便宜，使用简单，锤棍也是像 18 世纪波希米亚（今天的捷克共和国）的胡斯起义者（宗教与政治改革家简·胡斯的追随者）那样的农民军最喜欢的武器。

用于礼仪的锤棍

这种锤棍也是好斗的神职人员最喜欢的武器，因为和剑以及其他带刃的武器

印度锤棍

这里展示的印度锤棍来自大约 1550 年。它有一个凸缘的头，用来刺穿（或至少削弱、击弯）盔甲。

土耳其锤棍

这根罕见的土耳其锤棍顶部有一根带刃的矛头。木制的棍头上有为了增加重量而用锁链连起来的较重的硬币。硬币表明锤棍使用的时间是 14 世纪晚期或 15 世纪早期。锤棍较短（56厘米），这有可能是为了用于马背上。

不同，它可以伤人或杀人而不见血。这种武器被罗马天主教会的教会法禁止使用。虽然，记载1066年英格兰的诺曼征服的巴约挂毯描画了巴约的奥多主教使用了一根大的锤棍（权杖），然而，现代历史学家对于这种锤棍和类似的武器是否只是由中世纪的教士们使用这一点存在分歧。

与重戟一样，随着时间的推移，锤棍也从一件战争武器变成了一件礼仪用品和权威的象征。在英格兰和苏格兰，修饰精美的锤棍曾经长久地被军队中的军士们、市长和其他富人们扛在市民和学院的游行队伍中。在英国下院的辩论期间，锤棍往往被放在桌旁的一根长矛的前面。

一些稀奇古怪的武器

十字匕首

一把来自法国15世纪的木制匕首套，里面隐藏着让人极其吃惊的东西：一把长24厘米的带圆齿锋刃的匕首。

贞洁带

贞洁带的历史是有争议的。一些现代历史学家提出，这些贞洁带只是具有一种纯粹的象征性用处，男人们将它送给他们的妻子或情人作为对其保持贞洁的重要提醒。其他学者断言，现代幸存下来的这些贞洁带样品都是赝品。然而，一本1405年关于武器的中世纪文献中的记载将它描述成佛罗伦萨妇女佩戴在"臀部的铁"。在通俗传记中，贞洁带主要适用于离开妻子参加十字军的骑士，但这不太可能是出于妇女卫生的原因。如果贞洁带在任何情况下都使用，它可能就并非是保护"处女"的一种手段，而是妇女在经过强盗出没的地方保护自己免于被强奸的手段。这种特殊的贞洁带出现在17世纪。

拇指夹

西班牙拇指夹是一种污秽的、用于折磨人的刑具。它包括一个构造简单的老虎钳，可以用它来挤压罪犯的大拇指或其他手指，折断指骨，碾碎手指上的肌肉。与锤棍一样，这些15世纪晚期的拇指夹得到了宗教裁判所（罗马天主教会指控新生的异端邪说的场所）支持。这是因为，为了使罪犯招供，使用拇指夹并不违背天主教反对教士杀人流血的法律。

百年战争

　　英法百年战争实际上是由持续了 116 年——从 1337 年到 1453 年——的一系列冲突构成的。战争的起因是王朝的王位继承和领土争端。从爱德华三世（1327～1377 年在位）开始，英国国王就宣称，由于他们是 1066 年征服英格兰的诺曼人的后代，他们拥有继承法国王位的权利，他们也试图直接统治法国的阿奎坦行省。长期的战争在武器的发展中具有重大意义。历史学家认为英法百年战争标志着中世纪战争方式的结束。它使用了具有毁灭性的长弓，是第一场火器——大炮——在其中发挥了作用的欧洲战争。通过激发民族主义情感，导致在这两个国家出现了中央集权的国家。百年战争也造成了职业军队的发展，这些军队取代了早期"手持武器"的贵族和农民士兵的混合军队。

特雷西战役和普瓦捷战役

　　起初，英法双方的力量似乎并不对等。在 1337 年，法国有 1400 万人口，而英国只有 200 万人口，而且法国具有欧洲最佳勇士的美誉。然而，法国仍然以旧方式组织他们的军队（以重型装甲骑兵为中心）。英国则使用更加灵活的战略战术（骑士观念更少的战争）和长弓。

1346 年在特雷西的第一次具有决定性意义的战役中，法国的骑兵反复地冲击爱德华三世的军队，结果他们或是被英格兰和威尔士的长弓手发射的密集的箭群击落马下，或是遭到地面作战的英国骑士的重锤击打。法国国王菲利普六世（1328 ～ 1350 年在位）希望用配备了弩弓的意大利雇佣军来迎击，然而，还是英军使用的长弓的远距离火力占据了上风。

中世纪战争的伤亡数字往往极其不可信，但是法国可能在特雷西战役中至少丧失了 10000 人，包括许多贵族。爱德华三世继续推进，占领了法国的港口加莱，用法国编年史家学让·傅华萨的话来说，"在这之后，法国的声誉、国力和进行协商的威望都遭到了极大的削弱"。

巨大的仇恨在瘟疫肆虐欧洲时有所缓和，在 1356 年，爱德华三世的儿子"黑太子"爱德华，又侵入了法国。在蹂躏了法国北部大部分地方之后，爱德华的军队在普瓦捷被一支数量更为庞大的法国军队包围。在 1356 年 9 月 19 日，法军开始进攻爱德华的军队。由于没有吸取特雷西战役的教训，普瓦捷战役重蹈了上次战役的结局。它以法国的巨大失败而告终——法国国王亨利二世被英军俘虏。随后签订的条约使得法国三分之一的领土拱手让给英国人。

阿金库尔战役和 卡斯蒂利亚战役

尽管英国取得了胜利，但法国的时运最终得以恢复。14 世纪晚期，虽然宣称对法国王位有继承权的各方使这个国家陷入了一场内战，但法国还是收复了大部分先前丧失的领土。亨利五世（1413 ～ 1422 年在位）充分利用法国内战的形势，在 1415 年跨过英吉利海峡（某种迹象即将来临），在港口城市阿金库尔的战役中，迫使拥有 12 门加农炮的法军投降。虽然亨利五世的军队人数不及法军，并且受到疾病困扰，补给困难，亨利五世还是在 10 月 24 日的阿金库尔战役（历史上最著名的战役之一）中，击败了法军。

尽管英国取得胜利，战局最终还是不利于他们。英国的威胁使得桀骜不驯的法国贵族联合起来，并且激发了普通民众（包括超凡魅力的女勇士——圣女贞德）来抵抗侵略者。虽然加农炮在先前的战争中已经使用，但是现在它开始在战场上发挥了重要作用。在弗米尼战役（1450 年 4 月 15 日）中，法国配备了加农炮来驱散曾经在特雷西、普瓦捷和阿金库尔让人闻风丧胆的英国长弓手。在这场战争的最后一场主要战役中（卡斯蒂利亚战役，1453 年 7 月 17 日），法军使用 300 门加农炮击败了英军（在许多历史学家看来，这是大炮发挥决定性作用的第一场战争）。最终，英国仅仅剩下了加莱的堡垒，它在 1588 年也落入了法国手里。

长棍武器和斧

长棍武器是一种将锋刃或矛尖连在一根长棍上的武器。虽然自史前时代以来，出现了各种样式的长棍武器，但是作为一种对付骑兵的武器，它们只是在中世纪和文艺复兴时代的欧洲和其他地方占据了统治地位。与重戟一样，长棍武器提供了攻击骑兵的手段，而又让使用者可以处于骑士剑的杀伤范围之外，它的长度扩展了步兵的杀伤范围。战斧是另一种古代武器，它在与身披盔甲的武士作战中发挥了新的作用。火器的引入和随后战场上重装骑兵统治力的衰落，使得长棍武器在西方沦落成礼仪工具，虽然矛刺仍然具有效用（作为保护火器的一种工具）装备步兵团，一直持续到火药时代。

重戟和矛刺

虽然欧洲有许多不同类型的长棍武器，但是"经典的样式"是重戟和矛刺。

重戟首次出现于14世纪，通常有1.5米长，它是一种具有3种用途的武器。它顶端带有矛刺，可以阻止骑兵们接近；它有一个钩子，可以将骑兵从马鞍上拉下来；它有一把斧头，能够击穿盔甲。

矛刺——一件简单的，像矛一样的武器，由一个连接在木制长竿上的金属矛头构成——在12世纪获得广泛使用，最初被用作防御骑兵的武器。然而，瑞典人将矛刺改造成可怕的进攻武器，他们为被称为"格沃尔特奥芬"的步兵方阵编队配备了长达6.7米的矛刺。

世界范围的长棍武器

其他文明中的勇士也出于和欧洲人同样的原因，广泛地使用了长棍武器。除了具有对抗骑兵的效力外，它们制造相对简单，而且并不需要长期地训练也能使用。例如，中世纪普遍使用剑的日本武士，在战场上就由使用长矛的步兵来配合。

长矛——无论是用作投掷武器，还是用于近战的刺杀武器——直到火器在全世界传播之时，仍然是许多文明中勇士们最为偏爱的主要武器。也许历史上最伟大的长矛手是南非祖鲁人的勇士：他们建立了被称为伊姆比的军队单位，配备了短矛，从而在19世纪早期征服了南非的大部分地区。

接下来的5页将会展示来自全球各地、从16世纪到19世纪的一些有趣的长棍武器和战斧样品。

英国重戟

一件优质的重戟，来自16世纪，可能原产于英国。

战戟

战戟是一种锋刃下带斧头的长矛或矛刺——随着时间推移，斧头在很大程度上已经成为装饰品。

意大利的长棍武器

细身戟或近卫戟，是一种通常有46厘米长的单面刀状锋刃的欧洲长棍武器，它被固定在一根大约2米长的长棍上。某些长棍形武器——与这里展示的意大利样品一样，也有一两个钩子用来把骑兵从马上钩下来。随着火器改变欧洲战争，重戟、细身戟更多地承担了礼仪庆典的角色。

中国的长棍武器

一种典型的中国斧耙（老虎叉），其三叉戟式的形状是由于将中间的锋刃和外部曲线形的构件结合在一起造成的。这件武器被认为出现在中国南方，目的是为了猎杀野兽。今天在中国的某些武士学校中，这种武器仍然在使用。

瑞典的重戟

这件重戟，可能制作于17世纪早期，是这种类型的长棍武器的典型样品。在欧洲许多国家的军队中，重戟作为一种权威的象征，被军士们扛在身上，一直延续到火药时代。

图说武器的历史

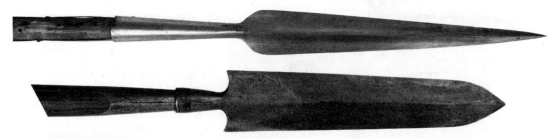

英国的长棍武器

这里有两件英国矛刺样品。当刺刀的引入，造成矛刺在地面战中效用减小时，矛刺则在19世纪被用于海战中舢板上的战斗。

印度－波斯的矛头、战斧

一把双刃的印度－波斯矛头，使用于印度的卡加王朝（1794～1925年）。用于对付骑兵的18世纪印度－波斯的战斧。

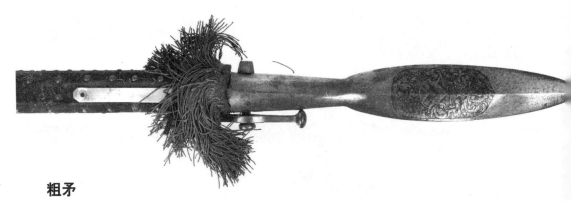

粗矛

这种欧洲长矛被用于猎杀野猪——欧洲贵族最喜欢的娱乐活动。英国伦敦塔中的一份1547年的清单记述了国王亨利八世拥有的许多粗矛。这些粗矛偶尔也会被用于战场上的厮杀。

瑞典的长棍武器

　　这是一个瑞典长棍武器的矛头。装备了长棍武器，特别是矛刺的瑞典步兵团，使他们加入了 14 世纪和 15 世纪欧洲最令人恐惧的军队的行列。

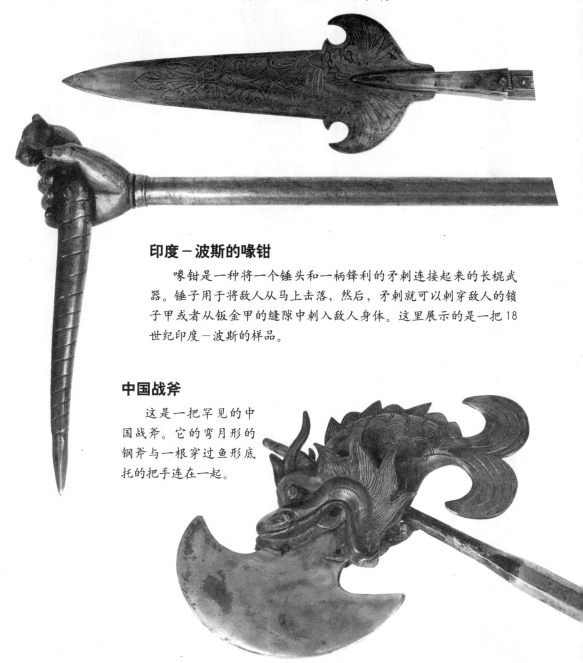

印度－波斯的喙钳

　　喙钳是一种将一个锤头和一柄锋利的矛刺连接起来的长棍武器。锤子用于将敌人从马上击落，然后，矛刺就可以刺穿敌人的锁子甲或者从钣金甲的缝隙中刺入敌人身体。这里展示的是一把 18 世纪印度－波斯的样品。

中国战斧

　　这是一把罕见的中国战斧。它的弯月形的钢斧与一根穿过鱼形底托的把手连在一起。

日本长矛

这是一个18世纪的日本长矛的矛头。这种武器首次广泛使用是在14世纪，随后出现了对它的几处改进。通常，日本的步兵团使用长一些的矛，其长度接近于6米，而武士则使用短一些的矛。

祖鲁人的长矛

这是一根祖鲁人的长矛。最著名的祖鲁人的长矛是艾斯盖。伟大的祖鲁人领袖莎卡（1787～1828年）决定给他的勇士们装备这种便于戳刺的长矛，取代更长的不具备致命杀伤力的投掷型长矛，这帮助祖鲁人建立了一个大帝国。

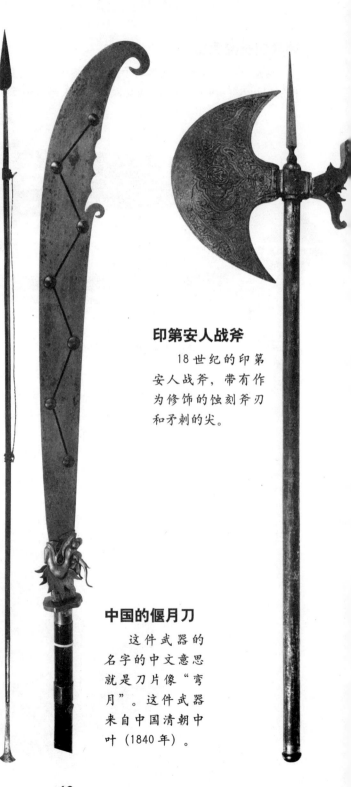

印第安人战斧

18世纪的印第安人战斧，带有作为修饰的蚀刻斧刃和矛刺的尖。

中国的偃月刀

这件武器的名字的中文意思就是刀片像"弯月"。这件武器来自中国清朝中叶（1840年）。

非洲的礼仪斧

这柄礼仪斧是由刚果的松叶人制造的，手工锻造的金属斧头和木制的棍子用一根铜钉连在一起。

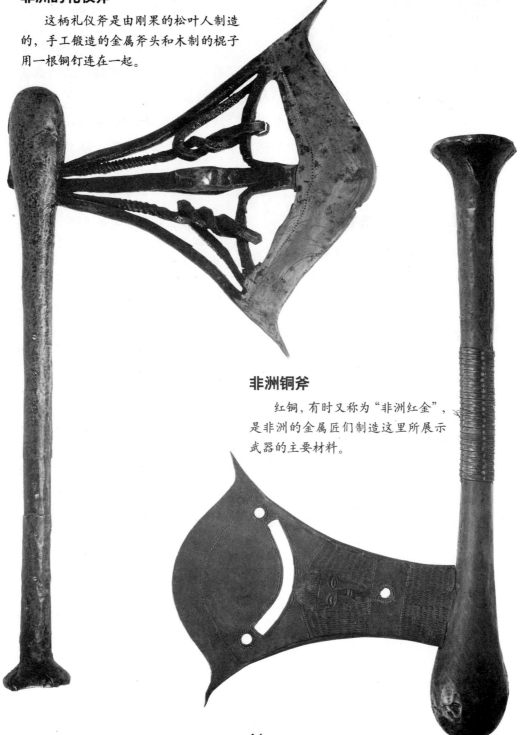

非洲铜斧

红铜，有时又称为"非洲红金"，是非洲的金属匠们制造这里所展示武器的主要材料。

盔 甲

使用特殊的衣服用来保护穿衣的人免于流矢和锋刃的伤害至少要往回追溯 10000 年，那个时候中国的士兵就穿着犀牛皮制成的斗篷，然而武士们可能在这之前很早就穿上了皮革和其他材料制成的保护性外衣。金属盔甲——首先是锁子甲，稍后是钣金甲——从古代到中世纪晚期被广泛用于欧洲，直到效力越来越强大的火器造成了它们的衰落。最近，随着新的合成材料的引入使得护身盔甲得以再次复兴。

重装步兵骑士

古代希腊的步兵团（重装步兵）在由青铜制成的铠甲的保护下参加战斗，这种铠甲保护人的身体，也有一种同一金属制成的头盔和护胫甲（保护胫骨的盔甲）。古罗马军团的士兵也穿着一种盔甲，虽然这种盔甲是一种带有金属环的皮革马甲，但是它们也带着金属头盔。

大约 9 世纪开始，欧洲的骑士们开始穿着锁子甲（数千块小金属片被钉在一起或焊接在一起）。因为锁子甲不能使箭头或矛头折断，锁子甲经常被穿在皮革套衫外面。头盔的样式很多，从简单的圆锥形金属头盔到更为精致的礼仪头盔。

虽然锁子甲的重量一点也不轻（典型的锁子甲重13.5千克），它却让穿甲人可以相对自由地移动。然而，在中世纪晚期，长弓和弩弓的引入（它们的箭或弩箭能够穿透锁子甲），使得欧洲的勇士们开始采用由重叠的铁片或钢片制成的盔甲。这种最为精致的钣金甲为穿着盔甲的人提供了全身保护。这种盔甲重量很沉，它使得骑士的脚和战马很容易遭到攻击。

全世界范围的盔甲

锁子甲的改造——常常由交叠在一起的金属片构成——被波斯、印度、中国和日本等许多国家的勇士们所采纳。这种中世纪日本武士穿的甲衣尤为精良，与欧洲最优质的钣金甲一样，它是极为华丽的手工制品。和欧洲一样，在其他许多文明中，盔甲在很大程度上往往只限于勇士中的精英（从某一方面来看，他们只是能够买得起这些装备的人）穿戴，但是在印度和其他地方，步兵往往穿着皮甲或厚实的织物来保护身体。

一种最为有趣的非金属盔甲是蒙古族骑兵穿的生丝衫。因为这种丝的强度小，如果敌人的箭射入骑兵的身体，丝布就会随同箭头进入伤口，这样就使得箭可以相对容易地拔除，较之其他戳入身体的武器危害性更小。

印度－波斯头盔

一个漂亮的印度－波斯制造的头盔，顶部有一个尖，边上镶有细的锁链。

英国头盔

第一顶钢盔出现在10世纪的欧洲。这里展示的英国16世纪的头盔是有名的轻型钢盔的一种。虽然它并不能提供早期头盔对整个头部和脸部那样的保护作用，但是它却可以让佩戴者拥有更宽的视野和更多的行动自由。

意大利盾

　　16 世纪的意大利心形盾牌，它美妙地装饰了 3 个相互联姻家族的甲衣。这种盾牌并不用于战争，而是用来纪念一个贵族家族辉煌的征战史。

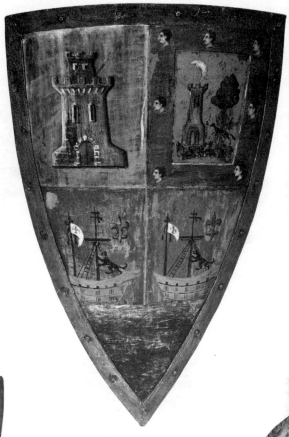

西班牙盔甲

　　这件盔甲可能制造于 1580 年（由一块胸前和后背的金属片构成），南美的西班牙征服者曾穿着。1950 年这件盔甲被发现于玻利维亚。

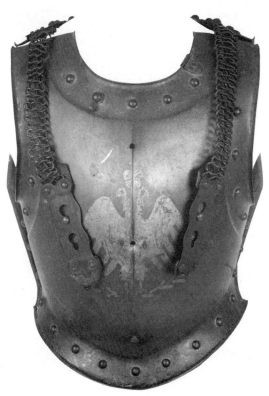

尖刺盾

　　16 世纪的欧洲盾牌，中间带一个尖刺。在中世纪欧洲，大盾牌被更小、更轻的小圆盾（很明显，这个词来自一个古老的法语，意思是"金属的拳头"）所取代，这种小圆盾能够用于躲避敌人的剑或锤棍的打击。

达尔

印度－波斯达尔（盾牌），上面饰有漂亮的宫廷和风景画面。达尔表面常常覆盖着皮革（如犀牛皮）且装饰着宝石。

法国盾

16世纪晚期的法国盾牌。这件盾牌大约58厘米长，42厘米宽，表面刻有战争的情景和精致的漩涡形装饰。

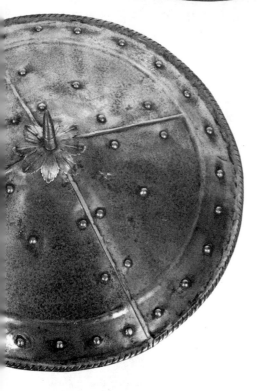

匕首和格斗刀

匕首只是一把握在手里、用于戳刺的短刃刀。这个名字主要来自于古罗马的达契亚行省（现在的罗马尼亚），最初的意思是"达契亚刀"。匕首状的武器在史前时代就已经开始使用。匕首出现在剑之前，各种各样的匕首被发现于全世界各个文明中。匕首的尺寸较小，这限制了它在战争中的效用，但是同样是这一特点（可以隐藏）却使它成为罪犯和刺客最喜欢的武器。除了匕首之外，许多文明都采用尺寸界于匕首和剑之间的刀，这些武器通常被称之为格斗刀。

西方的匕首

在中世纪和文艺复兴时代，匕首被用于特殊的目的——在盔甲金属片之间的连接处或其他缝隙（如头盔面具的缝隙）刺穿盔甲或头盔。如果骑士从马上被击落或者受伤致残，他就很容易被一个步兵用匕首杀死。最有名的匕首之一，意大利狭刃短剑，就被专门用于这个目的。

16世纪，一种新型的剑术格斗在欧洲开始流行。这就是左手握刀，右手握剑，使用匕首是为了躲开敌人剑的刺杀。

17世纪，手枪作为一种个人防御（或进攻）武器为人们广泛接受，这使得匕首的作用下降。

一些国家的军官以及准军事和政治群体的成员会出于礼仪的目的而佩戴它。格斗刀在第一次世界大战再次出现，稍后被特种部队用于"无声地干掉"岗哨。

全世界的刀类武器

在许多传统社会，匕首和刀具往往承担着多重角色——作为武器、工具和

匕首拐杖

隐藏着刀具和匕首的拐杖在18世纪的欧洲非常流行。这根英国的匕首拐杖大约见于18、19世纪的交替之际，它有一把25厘米长的刀被包在一根马拉卡藤条里。拐杖的金属把柄上刻着一个眼睛镶有钻石，颈部镶有翡翠、红宝石和蓝宝石的玉制狗头。

主人财富与权力的象征。例如，尼泊尔的廓尔喀人使用的反曲刀就以作为武器而知名，但是它也被用于割取动物的毛皮、砍树之类寻常的任务。而非洲撒哈拉以南地区的非洲人制造的做工优质、饰物精美的刀具则被用于战斗，也被用于作为社会地位的象征。

除了这些作用之外，刀在许多社会也是具有很大文化意义的物品，常常被人认为天生具有精神的力量；一个典型的例子就是南非的波状刃短剑。

反曲刀

反曲刀是世界上最著名的格斗刀之一。它是由尼泊尔的廓尔喀人制造的，有长30厘米或更长的带有一个独特"扭结"的刀刃。虽然它相对沉重——0.9千克——但是反曲刀却非常精良，据说它能够垂直地立在人的手上保持平衡，能够一下就砍下敌人的头颅和手臂。

在英国－尼泊尔战争（1814～1816年）期间，当英国军队遭遇到尼泊尔人时，这种武器首次引起了西方人的注意。随后，廓尔喀人的勇士们开始在英军中服役——一个一直延续到今天的传统。他们随身携带着自己的反曲刀（通常由村里处于特别种姓地位的工匠制作），他们使用这种格斗刀对世界战争以及各个殖民地的冲突造成了致命性的影响。

这种格斗刀的声誉来自马岛之战的广泛报道（也许是虚假报道）：一些阿根廷军队，在英国飞机撒下传单警告他们使用反曲刀的廓尔喀人军队正在开往马岛的途中之后，就投降了。

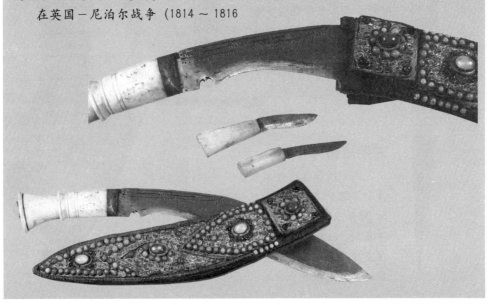

海军匕首

这是一把刀柄相对长的匕首，苏格兰匕首（这个词可能来源于盖尔语"红色的刀"）常常和双刃大砍刀一起使用。这个带有镀金的铜制把手（把手上又带着一个铁箍）的样品是一把大约1770年英国海军使用的匕首。

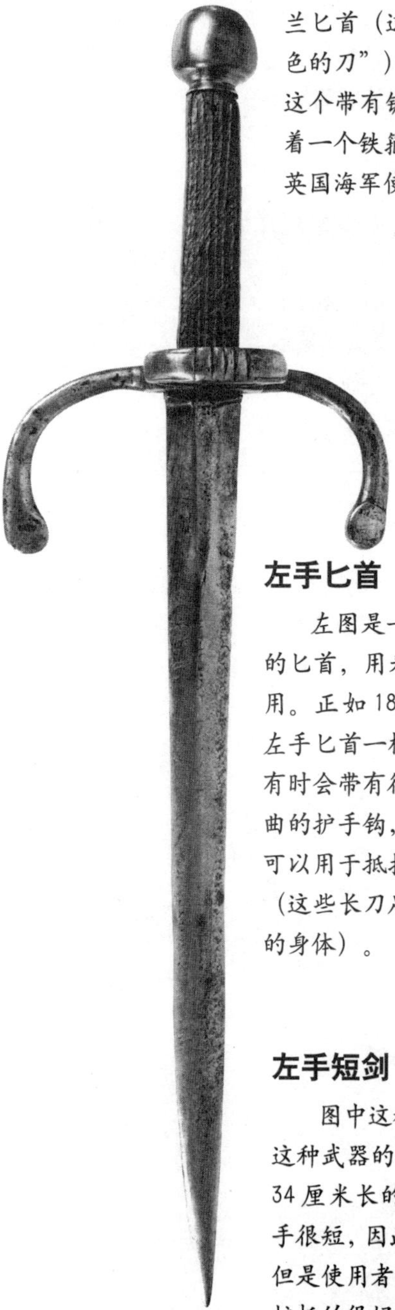

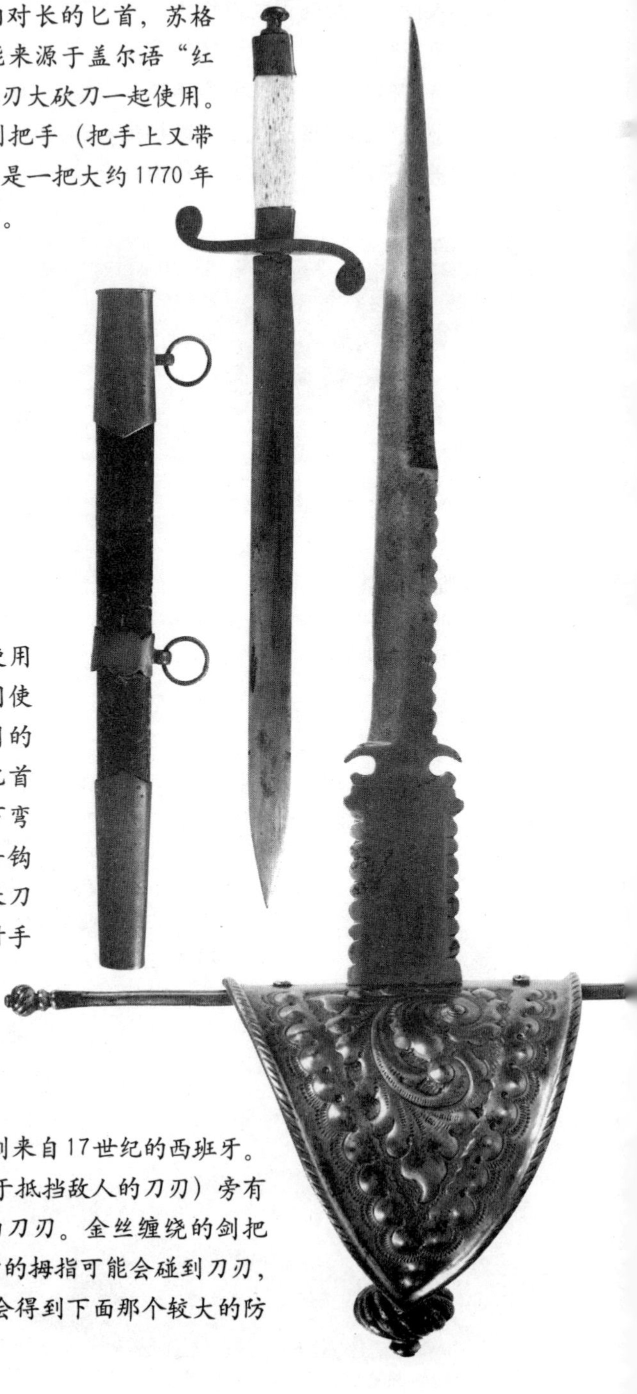

左手匕首

左图是一把左手使用的匕首，用来和剑一同使用。正如18世纪法国的左手匕首一样，这些匕首有时会带有很大的向下弯曲的护手钩，这些护手钩可以用于抵挡敌人的长刀（这些长刀足以刺入对手的身体）。

左手短剑

图中这柄左手短剑来自17世纪的西班牙。这种武器的刀柄（用于抵挡敌人的刀刃）旁有34厘米长的带锯齿的刀刃。金丝缠绕的剑把手很短，因此，使用者的拇指可能会碰到刀刃，但是使用者的手还是会得到下面那个较大的防护板的很好保护。

西班牙格斗刀

  这对 19 世纪的西班牙格斗刀的特点是带有一个尖状的羚羊角做成的把手，这些把手既美观又实用。这些天然的条痕使得刀把很坚硬，刀把上的羚羊角尖既可以用于戳刺，也能作为刀具。

哥萨克双刃刀

  有时也被称为"切尔克斯匕首"，最早来自于高加索山区的切尔克斯人，双刃刀在 18 世纪之前就已经被俄罗斯帝国的哥萨克所采用。这件 19 世纪的样品有一片 36 厘米的刀刃和一个镶有次宝石的把手。在哥萨克勇士的手里，双刃刀和马刀往往一起使用。

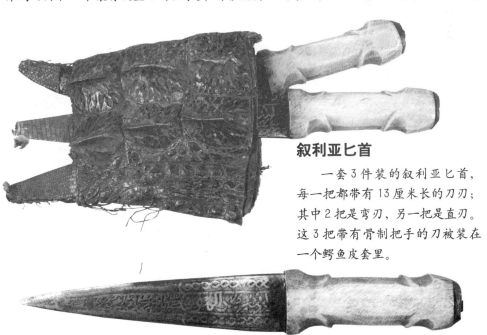

叙利亚匕首

  一套 3 件装的叙利亚匕首，每一把都带有 13 厘米长的刀刃；其中 2 把是弯刃，另一把是直刃。这 3 把带有骨制把手的刀被装在一个鳄鱼皮套里。

双刃弯刀

两把阿拉伯弯刃匕首或双刃弯刀和它们的刀鞘。双刃弯刀缠着一根带子，主要作为装饰品，但是它也是一种有效的战刀。这种刀最早出现于18世纪，最晚一直到20世纪。

阿拉伯匕首

阿拉伯匕首，制造于19世纪的突尼斯（现代突尼斯国的首都）。

阿富汗刀

这把来自18世纪阿富汗的短刀特点是刀刃上方镶嵌着黄金。

弯刀

　　这种刀的名字源于现在土耳其的一个城镇，这种弯刀是15世纪到19世纪奥斯曼帝国的一种主要带刃武器，它的主要使用者是奥斯曼军队的主体——近卫军，即"奴隶－士兵"。这种弯刀有80厘米长的刀刃，实际上是一种比普通刀更短的剑，但是它们相对简凑的样式可以让步兵轻松地抓在手里。这种弯刀的样式后来传播到中亚大部分地区。这里展示的是18世纪上半期和19世纪下半期的两件土耳其样品。

短刀

　　印度－波斯的短刀，带有曲线型的T形刀刃，往上逐渐变窄，最上面是一个纤细的锥尖，这种武器是刺穿锁子甲最理想的武器。它在战斗中的效力使得这种武器从波斯和北印度传播到整个中亚、印度次大陆和中东。图中这件样品来自埃及。

非洲剑

　　一把狮子刀，来自东非，它带有一个染成传统红色的皮革剑套。这把剑有双刃，剑刃从把手处一直延伸到顶端。这把剑生产于19世纪晚期。

印度－波斯匕首

　　这把罕见的、非同寻常的印度－波斯刀有3片刀刃。虽然它似乎是一把普通的刀，用来对抗使用剑的攻击者，但是这种刀的使用者却通过装载弹簧的枢纽将3片刀刃分离，以此来钩住敌人落在主要刀刃和辅助刀刃之间的剑。然后，将刀扭弯使敌人的剑不能动弹（或者更容易使它们折断），这样就可以让防御者使用自己的剑刺向对手。

波斯的三刃匕首

　　这些样品是波斯的三刃匕首，刀刃由3片刀叶组成，这种武器被从刀鞘里拔出时，3片刀叶会弹开、分离。这些刀刃饰有白银和黄金花纹。

尼穆莎刀

　　这种刀刃弯曲的尼穆莎刀在北非使用相当普遍，它有长度不同的刀刃，既可当作长匕首，又可当作短剑。尼穆莎刀与阿拉伯的萨伊夫刀相近，它最著名的特点是其独特形状的刀柄。

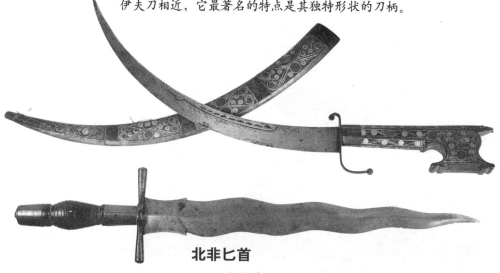

北非匕首

　　一把带有弯曲刀刃的19世纪的北非匕首。

非洲礼仪刀

　　这把非洲刀可能制作于20世纪早期，被用于宗教礼仪。它的把手饰有一簇动物的毛。

非洲格斗刀

这套北非格斗刀有黑檀木制成的把手。

剪形匕首

这把印度－波斯的剪形匕首，其刀刃长17厘米。这是一种极有威胁的武器，进攻者将它刺入敌人的身体，当它被拔出时，两边刀刃会分开，从而造成最大的杀伤力。

格斗臂环

一件15世纪或16世纪制造于现在的尼日利亚的铁制格斗臂环。在一些撒哈拉南部的文明中，使用这样的臂环战斗是一种战争艺术。

投掷刀

许多非洲人都使用这种特别设计用于投掷的刀。这种刀大多数都有好几个刀刃，以此来增加打击对手的概率。它们通常被从右向左水平抛出。根据一些记载，一个技艺高超的勇士可以使用这种刀在20米的范围内取下敌人的四肢。这件样品来自东非的索马里。

印度的战争武器

印度腕刀

一把来自图尔卡纳人（居住于现在的肯尼亚）的腕刀。它的刀套是由一块山羊皮制成的，衬里用来保护持戴者的手腕。除了苏丹的一些部落外，图尔卡纳人是唯一一支使用这种武器的非洲人。

印度的投掷刀

这种投掷刀（来自梵语，意思是圆圈）是一种锡克人使用的、极其罕见、非比寻常的武器。虽然关于这种武器的资料很少，但很明显，它要么像现代飞碟那样被投掷，要么在掷向敌人之前，先要在右手上抡动。

印度的带爪匕首

"虎爪"是另一种非比寻常的印度格斗刀,有3个到4个弯曲的刀刃从把手处伸出,把手上有圆环,以适应不同使用者的情况和小手指。这种武器被用于戳刺对手的喉咙。刀的名字源于这样一个事实,即这些刀往往产生一些类似于老虎袭击造成的伤口。这种武器是刺客手持的,它们可以将被害人劫持到易于行刺的荒野。这里展示的这两件样品产自19世纪。

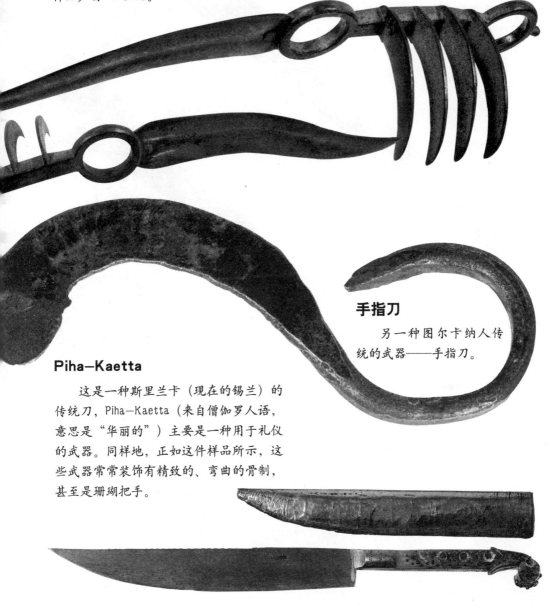

手指刀

另一种图尔卡纳人传统的武器——手指刀。

Piha-Kaetta

这是一种斯里兰卡(现在的锡兰)的传统刀,Piha-Kaetta(来自僧伽罗人语,意思是"华丽的")主要是一种用于礼仪的武器。同样地,正如这件样品所示,这些武器常常装饰有精致的、弯曲的骨制,甚至是珊瑚把手。

波状刃短剑

波状刃短剑的剑鞘

　　剑鞘的上部是一块有漂亮纹理的、弯曲的木头，这种木头在马来西亚被称为 wranga。Wranga 据说象征着马来西亚人航海历史的一种船。

波状刃短剑

　　一柄刃长 38 厘米的巴厘岛或马来人的波状刃短剑。剑的把手被刻成魔鬼的形状，并镶有次宝石。

波状刃短剑

波状刃短剑是现在的马来西亚和印度尼西亚的传统刀，这种刀的样式后来流传到东南亚毗邻的地区，像菲律宾。这种刀用于戳刺攻击，有各种长度的刀刃，可以是直的（见中图），也可以是弯的（见左图）。对于一把刀刃弯曲的波状短剑，每一个弯曲处都被称作鲁克。

直立的波状刃短剑

右下图是一把直立的巴厘岛的波状短剑，它被刻成了一个跳舞者的形状。在马来西亚和其他文明中，波状刃短剑被视为一个有生命的事物。它拥有给人带来好运或厄运的力量，甚至能完全控制人的命运。

亚洲刀

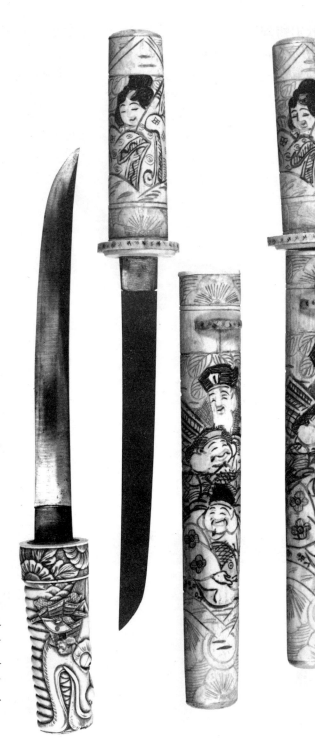

日本短刀

　　这是两把19世纪日本短刀或匕首的样品。这种短刀以前常常由武士持有，后来却得到现代日本强盗、黑帮（它们以各种形式在日本存在了几个世纪）的认同。

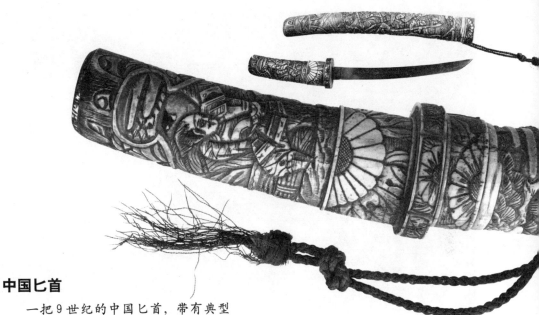

中国匕首

　　一把9世纪的中国匕首，带有典型的曲形刀刃和一个漂亮的骨制曲形刀鞘。

中国出口的匕首

　　在19世纪和20世纪早期，技术熟练的中国手工匠制造了大量出口西方的刀具，其中大多数刀都没有致命的杀伤力。这里展示的两件样品都有景泰蓝制的刀把和刀鞘；第三把（最下两图）有一个景泰蓝制的刀鞘和一个翡翠的刀把。

火药革命

　　"火药"或"黑火药"这个词，是指一种木炭、硝酸钾（硝石）和硫黄的爆炸混合物。火药引入战争，代表了军事技术的一个巨大进步：驱动飞弹的能量第一次可以以化学方式，而不是人类肌肉力量或机械力量的方式储存起来。所谓的"火药革命"并不是一夜之间突然发生的。人类开发出真正有效的火药武器，并计算出如何在战争中使用它们达到最佳效果，要花费许多年，然而这场革命的影响在全世界都可以深刻地感受到。

从烟花到火器

　　火药在10世纪早期的中国就已经被人认识到。很明显，在那时的中国，火药被用于道教的宗教仪式之中，稍后又被做成爆竹和发射信号的设备。

　　在10世纪到14世纪的某个时候，人们发现黑火药可以推动管中的飞弹。火药武器使用的最早记录出现在1326年欧洲的一份辉煌的手稿中。它描述了一个战士将一根烧红的铁棍放在一个花瓶形容器的底部，点燃了一个像箭一样的弹射物。

除了这样的原始武器以外，大炮（一根铁管连在一个木制的架子上，发射铁丸或燧石）也出现了。由于这个时代的冶金术和化学还很原始（一种真正稳定的、可以储存的火药直到17世纪才出现），这些早期的大炮很容易爆炸，它对炮手的威胁往往要比对敌方目标的威胁更大。

受到攻击的城堡

大炮在战争中的首次使用也存在争议。英法百年战争中特雷西战役的一个报道，描述了英军使用"射石炮"来抵抗法军，并且大炮也出现在1415年的阿金库尔战役中。由于这些早期大炮射击的准确性很差，它在战场上的效力更多的是体现在心理层面上：浓烟，烈火，加上震耳欲聋的炮声，大炮发射出炮弹，可以将一个骑士从马上击落，或者打散一个步兵编队（这要非常幸运地命中）。这些武器对于那些从未见过这样武器的士兵而言是非常可怕的。

然而，早期大炮最有意义的用处是将其作为进攻武器来轰倒城墙和其他堡垒。到15世纪末的时候，法国和意大利的枪炮制造工匠已经制造出相对结实和便于携带的枪炮，像法王路易十一（1423～1483年）和他的继任者查理七世（1470～1498年），这些统治者都熟练地使用炮兵在国内巩固政权，在国外争夺地盘。

虽然要塞与堡垒的加固最终削弱了这种攻城大炮的效力，但是在某种程度上，这些武器在促进欧洲中央集权民族国家兴

起的过程中仍然发挥了重要作用。在同一时代，奥斯曼土耳其帝国使用了大量攻城大炮——有些大炮如此之大，以至于只能在战场上现场制造——于1453年摧毁了君士坦丁堡（现在的伊斯坦布尔）的城墙，终结了持续1000多年的拜占庭帝国。

大约15世纪初，步兵使用的火器开始在战场上出现。最初它们被称为手炮或手持火炮，后来它们以各种各样的名称为人们熟知，包括火绳钩枪和火绳枪，后面这个词汇可能来自法语mosquette。这些火枪使用火绳点火装置，这种装置在潮湿的环境下是不可靠的；作为前膛枪，它们的发射速度较慢；作为滑膛枪，它们只能在近距离（典型的不超过75米）保持准确的射击。17世纪燧石发火装置的引入，增加了火枪的可靠性，但是射击速度慢和相对不准确的问题直到19世纪枪栓的出现和来复枪被广泛接受后，才得以解决。

第三章
革命时代

"每个国家（新国家，也包括古代国家和复合制国家）建立的主要的根本在于良好的法律和优良的武器——没有优良的武器，你就不能拥有良好的法律。在优良的武器出现的国家，良好的法律必然随之产生。"

——尼科洛·马基雅维里 《君主论》

　　由于常常发射弹丸和碎石，早期的大炮是原始的，操作起来是危险的。但是它们可以有效地攻击堡垒，它们在战场上的使用也必然产生强大的心理效应。手持火器的出现，具有深刻的影响力，它们给步兵团提供了上等的武器，最终结束了骑士时代。到 18 世纪时，火器技术已经从火绳枪发展到燧发滑膛步枪。这些火器在训练有素、纪律严明的职业军队手中，最终主导了战场。当这些西方大国在构建他们称之为"新大陆"帝国时，"火药革命"使欧洲士兵获得了对土著人的战争优势。

从手炮到火绳枪

手持的火药武器（通常被称为手炮或手持火炮）是与炮兵同时出现的。15世纪中期，这些武器第一次出现在欧洲，从根本上而言，它们只是微型炮，通常由一个士兵握在手里或者用肩膀扛住（常常由一根木桩支撑），而由另一个士兵通过慢引火线点燃武器。火绳发射系统的引入导致了重量更轻、更易使用的手持枪炮的发展，它们可以由一个人进行装卸和射击，包括火绳枪和它后来的改进——滑膛枪。在接下来的一个世纪，装备了火绳枪的步兵团，成为欧洲和亚洲军队的主要组成部分。

火绳枪

火绳枪的"引火线"实际上是一根浸满化学化合物（硝酸钾和硝石）的长线，可以使其缓慢燃烧。引火线被系在一根放在一块爆炸药上面的S型的控制杆上。拉动扳机降低引火线，点燃起爆炸药，然后通过触摸孔点燃装在炮筒的主火药，引燃炮弹。后来，装线的改装大炮、弹簧锁，将蛇形岩（火药的材料）"折断"塞入火药池。

肩扛火绳枪有各种名称，如火绳枪、钩枪、卡利夫。火枪和滑膛步枪有许多缺

中国的信号枪

虽然中国早在10世纪就首次使用了火药，但是中国人何时将火药用于制造武器，这个问题尚存争论。中国人确实出于礼仪庆典、制作爆竹和发射信号的目的使用了火药。这里展示的是中国的手炮，产自18世纪，可能被用于发射信号。它由青铜制成，并饰有一条从炮尾延伸到炮口的龙。

印度的特拉多

特拉多是一种用于印度几百年的火绳枪。这个样品产自18世纪或19世纪早期，有117厘米的炮筒，炮口刻有豹头的形状。炮尾和炮头的特点是饰有钢嵌金箔——一种将钢和金镶在一起的装饰物。

陷，最显著的缺陷是它在潮湿的天气下往往不可靠，引火线会把炮手的位置暴露给敌人。尽管存在这些缺陷，火绳枪炮非常

耐用，这在很大程度上是因为它们制造成本廉价，操作简单。

西班牙手炮

手炮通常靠在胸部或肩膀上，或者提在胳膊下，这件 16 世纪的西班牙武器，总长度只有 20 厘米，从手里就可以发射——这使它成为一把早期的手枪。这件手炮由青铜制成，其把手是一头蹲坐的狮子形状。

日本手枪

一把 18 世纪的日本火绳手枪。出现在日本的第一件火器是由葡萄牙商人在 1540 年带来的，很快就被日本本国的工匠所仿造。之后，日本人开始求助于枪炮，雄心勃勃的封建主为他们的士兵装备了火绳枪。1603 年德川幕府建立后，火器的制造与加工在日本受到严厉限制。

来复线

早在 15 世纪，欧洲的军械匠们就开始在枪筒的一边开槽（一道被人称为制造来复线的工序）。起初的目的可能就是要减少残存在枪筒中的火药累积物，但是，后来他们发现带有螺旋槽的枪筒，可以使子弹在射击中具有更强的稳定性和准确性。然而，制造来复线是一道复杂的工序，这一困难一直持续到工业革命带来技术进步后。虽然来复枪被用于打猎和装备特别军事部门，但是直到进入 19 世纪，大多数火器仍然是滑膛装置（也就是非来复线装置）。

马洛特枪战

这件手炮（成为后来手枪的雏形）是瑞典军队在 1476 年 6 月 22 日发生在伯尔尼附近的马洛特战役后缴获的。在这场战役中，人数占优势的瑞典人打败了勃艮第公爵——冒失查理的军队。这场战役由于是第一场大量应用手持火器的战争而标榜青史。根据某些历史材料，双方多达 10000 人使用了火器。

从火绳枪到燧发枪

尽管长度非常长，火绳枪的其他缺陷使得军械匠们不得不去试验更为优良的手持武器的发射装置。随后在这一领域的主要进步出现在 16 世纪早期的簧轮装置的引入，但是这一装置随后又被燧发装置所取代。燧发枪在 17 世纪的欧洲被广泛接受，直到撞击式雷帽装置在 19 世纪引入时，燧发枪在世界上大部分地方仍然被普遍使用。

簧轮枪

簧轮装置将一个装载了发条的、带有锯齿的铁轮和一个狗状或公鸡状的装置（一对固定着一块金属磨石的金属爪）装在一起。这个铁轮通过在弹簧上施加压力来上紧发条（通常用一把钥匙来上紧发条）。扣动扳机时，公鸡形装置就会击中旋转的铁轮，擦出火星，点燃武器。关于簧轮式枪何时、何地、如何出现的问题存在各种不同的说法，但是它的发明确实有可能是从那时使用的手持引火绒中获得的灵感。

簧轮装置的引入极大地推动了手枪的发展。手枪这个词可能来源于生产武器的意大利城市——皮斯托 (Pistoia)。虽然也有其他说法；早期的手枪常常被称为 dags，它可能源于一个古老的法语单词"匕首" (dagger)。手枪的出现使骑兵部队拥有了火力，作为一种可以藏匿的武器，罪犯和杀手们很快就使用了手枪。1584 年，簧轮枪被用于刺杀荷兰护公国——"威廉寡言"，这是世界上第一场使用手枪进行的政治暗杀。

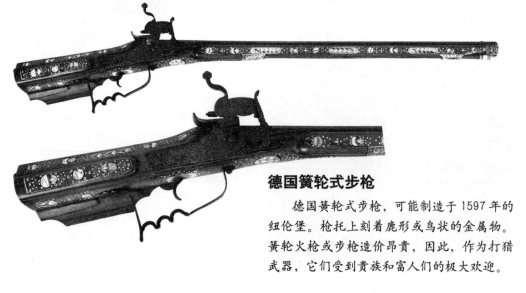

德国簧轮式步枪

德国簧轮式步枪，可能制造于 1597 年的纽伦堡。枪托上刻着鹿形或鸟状的金属物。簧轮火枪或步枪造价昂贵，因此，作为打猎武器，它们受到贵族和富人们的极大欢迎。

燧发枪

簧轮枪的辉煌是短暂的。16 世纪中晚期，北欧人制造了早期燧发装置（这个词源于荷兰语"啄木鸟"）。早期燧发装置中，公鸡形的装置扣住了一块燧石，燧石延伸到扳机上来撞击一块钢片（火镰），使火星溅到火药盆里。一种类似的枪机，出现在大约同一时间的南欧。对于上述两种枪机的改进最终使得 17 世纪早期出现了燧发枪。

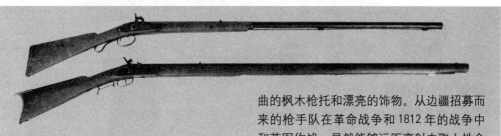

肯塔基步枪

作为一种深深植根于美国历史和民众中的武器，肯塔基步枪（或长枪）由 18 世纪中期宾夕法尼亚、弗吉尼亚和其他殖民地的德国移民枪械工匠首次制造出来。肯塔基步枪的名字在《肯塔基的猎人》这首歌中不断出现，这首歌赞美了肯塔基州 1815 年新奥尔良战役中志愿者的精湛射术。德国的枪械工匠一直生产较长的步枪，而传统的德国猎枪相对较短，枪管大约长 76 厘米。

在美国，枪械工匠们开始将枪管加长到 101 厘米与 117 厘米之间，这样就大大增加了射击的准确性。典型的 126 厘米枪管的武器，最终证明对于北美荒原上的狩猎而言非常理想。这些枪非常漂亮，通常带有一块弯曲的枫木枪托和漂亮的饰物。从边疆招募而来的枪手队在革命战争和 1812 年的战争中和英军作战。虽然能够远距离射击取人性命（革命战争期间，一个英国军官报告说一名美国步枪手在 366 米的范围内射中了他的吹号手的马），但是长步枪重装火药的速度甚至要慢于滑膛火枪，这个事实限制了长枪在传统战争中的效力。

最初的许多燧发枪（长枪），后来被改装成击发式枪，包括这里展示的两件武器样品。下面这把枪是由宾夕法尼亚州兰开斯特县的勒马斯家族制造的，勒马斯是一个活跃于 18 世纪中期到大约 1875 年之间的杰出枪械工匠家族。

防卫枪

欧洲的簧轮枪大约出现在 1600 年。防卫枪被装在城堡和要塞的墙上用于防御。这把 19.3 毫米口径的步枪可以通过弦绳进行"远距离控制"进行发射。

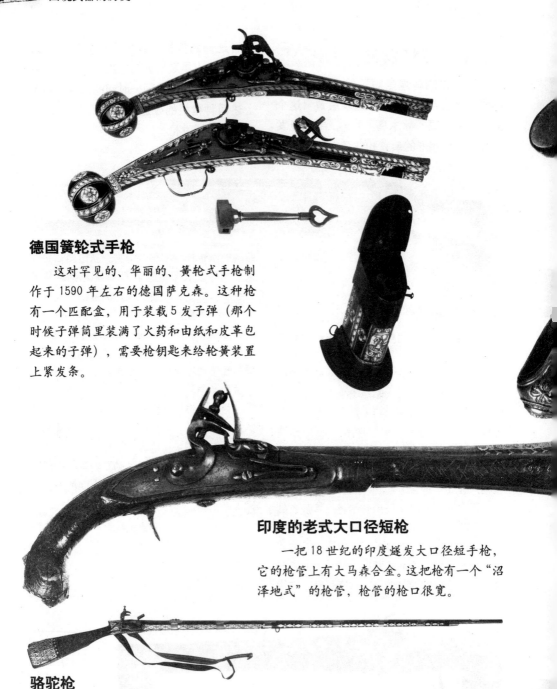

德国簧轮式手枪

　　这对罕见的、华丽的、簧轮式手枪制作于 1590 年左右的德国萨克森。这种枪有一个匹配盒，用于装载 5 发子弹（那个时候子弹筒里装满了火药和由纸和皮革包起来的子弹），需要枪钥匙来给轮簧装置上紧发条。

印度的老式大口径短枪

　　一把 18 世纪的印度燧发大口径短手枪，它的枪管上有大马森合金。这把枪有一个"沼泽地式"的枪管，枪管的枪口很宽。

骆驼枪

　　一把 18 世纪的阿拉伯燧发火枪，它带有一块雕刻锁板、象牙盖板和一根银枪管。由于它们在骑兵战和进攻中的用处，这种枪被称为骆驼枪。阿拉伯和柏柏尔勇士们一直到 19 世纪晚期还扛着这种火枪。

大炮点火器

    燧发装置不仅被用于手持枪上，而且也适用于大炮，尤其是海军枪炮。这里展示的是一个19世纪的英国燧发大炮点火器。这种56厘米的武器装置被放在大炮的触杆上。扣动扳机，就拉动了外部引火装置，从而点燃火药。

波斯手枪

    一把漂亮的18世纪的波斯燧发手枪。枪上没有雕刻物，而是覆盖着黄金。

非洲贸易中的枪

    枪是奴隶贸易中的主要因素，奴隶贸易从15世纪到19世纪将大约1000万非洲人强制（无数人死在路上）带到美洲。欧洲的奴隶贩子使用枪支和其他物品与西非的部落首领进行贸易交换。这些枪随后被用于部落间的战争，以此来俘获更多的奴隶。这里展示的这把18世纪的18.28毫米口径的火枪用于出口非洲，它的枪管很明显制造于更早时期的意大利。

德国簧轮式手枪

    它是另一把制作精良的簧轮式武器的样品。

日晷枪

　　这把日晷枪制造于
1788 年，它利用太阳光
线的热量，而不是其他
装置来点火。这些所谓
的日晷枪的用途在于宣
布正午时间的到来。透
镜在南北轴上对准，根
据季节不同而做调整，
以将太阳的光线聚集在
火药粉上。这样，当太阳在
正上方的时候，即正午，日晷枪
就会开火。

　　这件武器主要用于船上，使用时水面上就会响起
隆隆的枪声，但是日晷枪也有许多批评者。

　　在《穷人理查的年鉴》这本书中，本杰明·富兰克林发
现这个装置十分吸引人："如何制作一个引人注目的日晷，通过它，不仅制造者的家
人，而且他周围 10 公里内的邻居们，都可以在有阳光照耀时知道时间，而不用看时
钟……要注意的是它主要的耗费是火药，一旦购买了大炮，只要小心保管，就可以使
用 100 年。还需注意的是，阴雨天会大大减少火药的使用。我相信我所听到的 3 个友
好的读者所说的话：知道时间如何流逝，确实是件好事。"

臼炮

　　臼炮的炮管较短，它需要曲线方式点火——军事书上称为"急
火"（与传统大炮的"直火"相对）。臼炮是理想的攻坚战武器，
因为它能够将一发爆炸的金属弹（一枚发射前装了火药、
带有引线的空炮弹），射向敌军的城堡和要塞的城墙。早
期的臼炮常常是庞大而原始的武器，但是在 17 世纪晚期，
荷兰军队的工匠师曼诺凡·科霍恩（1641 ~ 1704 年）发
明了简洁、轻便的臼炮，通过 2 个到 4 个人的协作，
便可以被置于更为接近射击目标的地方。科霍恩发
明的这种臼炮一直持续使用到 19 世纪。这里展示
的是来自 18 世纪英国的一门臼炮。

　　科霍恩是在现代军队中将臼炮用于支持步兵团
作战的鼻祖。

阿拉伯人的步枪

　　一把使用了早期燧发装置的阿拉伯人的燧发枪。枪管镶有银线，和来自北非以及中东的许多枪一样，它的枪托是一块雕刻精美的象牙。

群射枪

　　群射枪——一种带有多个枪管，所有枪管同时发射的武器——被用于近距离的海战，击退登上舰船的敌兵。群射枪中最为著名的可能是这里展示的诺克群射枪。虽然著名的英国枪械工匠亨利·诺克制作了这种枪，但很明显他并非是这种枪的设计者。这种群射燧发枪首次出现于大约1780年，有7根51厘米长的12.7毫米口径的来复枪枪管。英国皇家海军定制了大约600件这样的武器。虽然，很明显，群射枪是一种可怕的武器，但是它也有不利的一面：这种枪的反作用力非常大，足以击伤射手的肩膀，枪口产生的热浪有时会引燃船帆和绳索。这种武器对于伯纳德·康威尔的通俗历史小说系列（发表于拿破仑战争期间）的那些读者而言并不陌生，它在拿破仑战争中扮演了主要角色。

死亡列枪

　　死亡列枪又被称为"死亡风琴"或"风琴枪"，因为它们的一排枪管就像一架风琴。这里展示的武器产自17世纪，是一种早期的多发武器。这件武器样品有15根枪管，每一根有44厘米长，被固定在一个木制的底座上。后来风琴枪演化成列枪，直到美国内战还被用于保护桥梁和其他易受攻击的地方。

燧发手枪

　　燧发射击装置的采用造成手枪的大规模生产。尽管燧发手枪存在显著的缺陷（近战缺乏效力，前膛装药速度缓慢，不适应险恶的天气），但是它们还是成了一种有潜力的私人防身武器。自我防御在那个没有组织化的警察部队，而且强盗隐匿于深夜的城镇街道、出没于乡村小路的时代而言，并非一件小事。

外套手枪、皮套手枪和腰带手枪

　　总体上而言，燧发装置时代的手枪分为3种类型：

　　第1种类型是外套手枪，也被称为旅行者手枪。正如枪名所提示的，这种手枪是一种精致的个人防御武器，足以放入那个时代人们所穿的上衣的袖子中。其中枪管很短的那种外套枪也可以放进人们所穿的马甲中或其他地方。

　　第2种类型是皮套手枪或马枪——它的枪管稍长，这样是为了可以将其放入系在马鞍上的皮套中。

　　第3种类型是腰带手枪。它是一种大小介于外套手枪和皮套手枪中间的手枪，通常这种手枪上带有一个可以钩住腰带的钩子。

转管手枪

　　虽然，大多数燧发手枪和长枪一样也是前膛枪，但是所谓的转管手枪早在17世纪中期就已出现。这些武器有一个不能旋下的炮形枪管，枪管要一发一发地装子弹；火药被放入枪尾的隔离仓。

与同时代的大多数滑膛手枪不同，转管手枪有一个可以大大增加射击准确度的来复射击枪管。英国内战期间（1642～1651年），皇家步兵司令——鲁伯特王子据说曾使用过这样的武器击中了教堂顶上大约91米高的风标。然后，他又一次射中风标。证明第一次并非侥幸击中目标。

　　当然，也有多枪管的手枪，一种类型就是并列枪管，其中每一个枪管都有一个单独的枪机控制射击；另一种是旋转手枪，它有两个或多个枪管被分别装在枪上。这些枪管可以旋转轮换位置，它们通过一个枪机控制射击。枪械工匠也试验制造了燧发型胡椒盒手枪，甚至还有左轮手枪。

火绒引火器

　　虽然火绒引火器并非是一种枪，但是它的设计还是以燧发装置为基础，需要木片点火，通过燧石摩擦金属，产生火花。这件引火器大约制作于1820年，早于火柴。

然而，大多数燧发型的多发手枪往往都不可靠，有时会走火。

这里有一个例外，就是鸭脚手枪，这种枪在水平面上并列着几个枪管用于同时发射。

这种令人着迷的燧发型武器精品，从 15 世纪一直贯穿到 19 世纪，不仅极为罕见，而且是一种有着重大作用的武器。

手枪剑

这是一把罕见的 18 世纪中期的手枪与剑的复合物。这样的武器，很明显，主要由海上执行任务的海军军官使用。

德国战斧手枪

这种武器制造于 17 世纪中欧的西里西亚地区，它将一把燧发手枪和一柄战斧结合在一起。这种武器的饰件包括压入枪机内的大象状饰物和用骨头刻成的枪托。

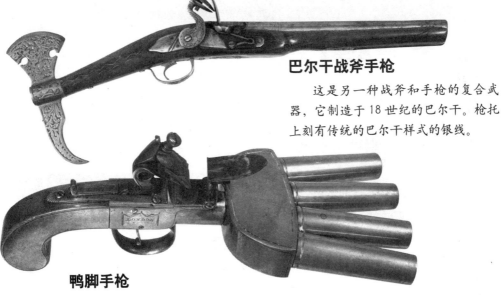

巴尔干战斧手枪

这是另一种战斧和手枪的复合武器，它制造于 18 世纪的巴尔干。枪托上刻有传统的巴尔干样式的银线。

鸭脚手枪

"鸭脚"手枪（正如这里展示的，由英国伦敦的古德温公司制造的这种 4 枪管的手枪）是多管武器，这样的称谓是因为相互之间有角度的枪管很像鸭子的脚蹼。在民间传说里，至少，它们是船长们和监狱看守们最喜爱的武器，因为这些武器可以用于镇压暴动的船员和狱囚。

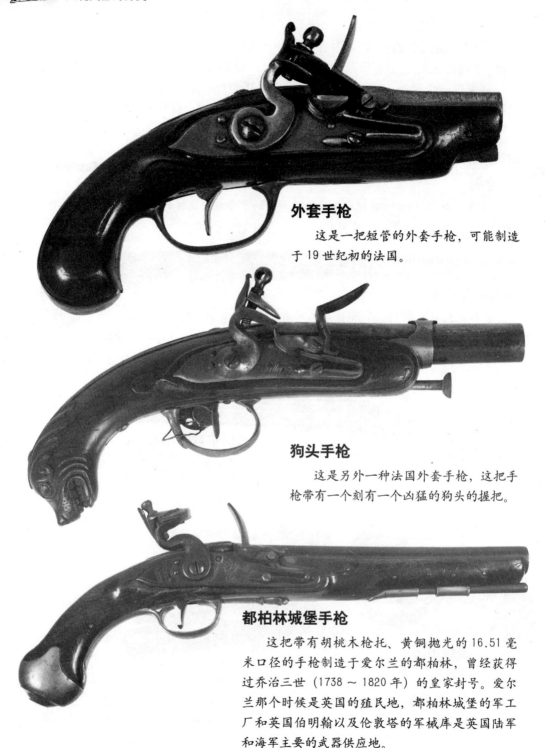

外套手枪

这是一把短管的外套手枪，可能制造于 19 世纪初的法国。

狗头手枪

这是另外一种法国外套手枪，这把手枪带有一个刻有一个凶猛的狗头的握把。

都柏林城堡手枪

这把带有胡桃木枪托、黄铜抛光的 16.51 毫米口径的手枪制造于爱尔兰的都柏林，曾经获得过乔治三世（1738 ~ 1820 年）的皇家封号。爱尔兰那个时候是英国的殖民地，都柏林城堡的军工厂和英国伯明翰以及伦敦塔的军械库是英国陆军和海军主要的武器供应地。

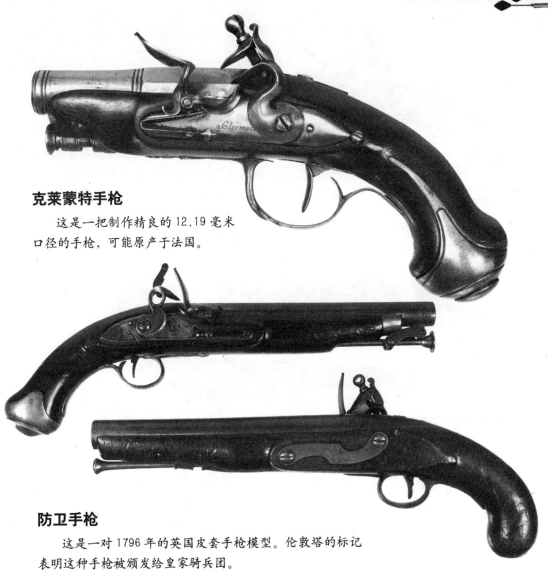

克莱蒙特手枪

　　这是一把制作精良的12.19毫米口径的手枪，可能原产于法国。

防卫手枪

　　这是一对1796年的英国皮套手枪模型。伦敦塔的标记表明这种手枪被颁发给皇家骑兵团。

方管手枪

　　这把19世纪早期的英国手枪由于带有一个只能射击匹配子弹的方形枪管而非同寻常。子弹的射入，造成不规则的、也是更为致命的伤口。

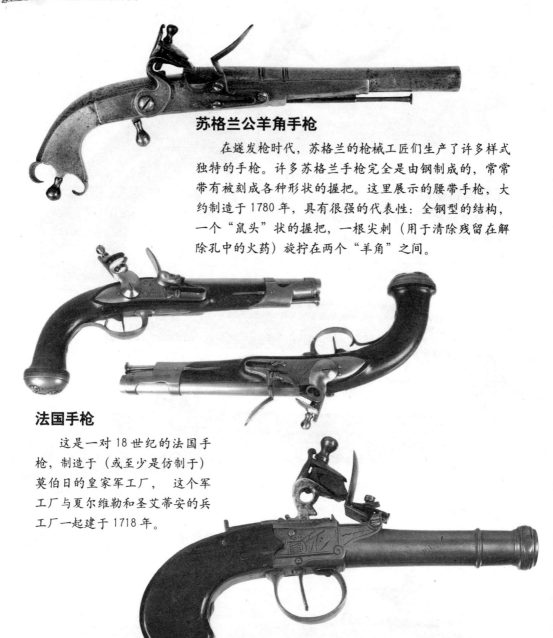

苏格兰公羊角手枪

在燧发枪时代，苏格兰的枪械工匠们生产了许多样式独特的手枪。许多苏格兰手枪完全是由钢制成的，常常带有被刻成各种形状的握把。这里展示的腰带手枪，大约制造于1780年，具有很强的代表性：全钢型的结构，一个"鼠头"状的握把，一根尖刺（用于清除残留在解除孔中的火药）旋拧在两个"羊角"之间。

法国手枪

这是一对18世纪的法国手枪，制造于（或至少是仿制于）莫伯日的皇家军工厂，这个军工厂与夏尔维勒和圣艾蒂安的兵工厂一起建于1718年。

炮管手枪

这是一把13.2毫米口径的炮管手枪，大约制造于1805年利物浦的帕特里克地区。这种手枪得名是因为它们的枪管像大炮的炮管。这些枪也被称为"安妮王后手枪"，但火器史专家大卫·米勒认为，这种武器大部分都是制造于安妮王后1714年去世之后。这种手枪也使用了盒锁式枪机，引火装置被置于后膛顶部而不是枪的边上。

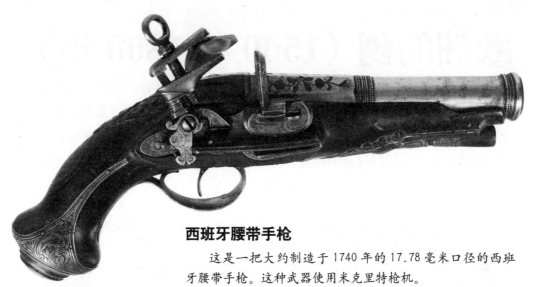

西班牙腰带手枪

　　这是一把大约制造于 1740 年的 17.78 毫米口径的西班牙腰带手枪。这种武器使用米克里特枪机。

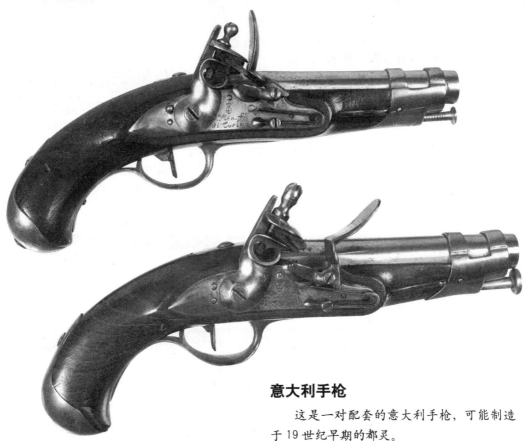

意大利手枪

　　这是一对配套的意大利手枪，可能制造于 19 世纪早期的都灵。

欧洲的剑（1500～1800年）

虽然火器的出现改变了欧洲（随后是全世界）的战争，但是这一变化并不是一下子就出现的，剑仍然是军用武器中的一个组成部分，尤其是在骑士和雇佣军当中。然而，到17世纪晚期时，火器技术和战术已经发展到了限制战场上使用剑进行搏杀的程度，但是剑在欧洲人当中仍然继续流行，这既是为了决斗，又是作为一种地位的象征。

更长和更大的剑

这一时期剑的样式是紧随着盔甲的变化而变化的。16世纪之初，沉重的钣金甲在很大程度上取代了以前穿在骑士和其他武士身上的锁子甲。这引发了一场从短的，能够穿透锁子甲的利剑，向带有加大把手，可以让双手握住的，更长、更重的剑的转变。这种剑最终的样式可能就是德国双手剑，它有183厘米长。

虽然长剑极具杀伤力，但是它仍然缺乏在实战中刺穿钣金甲的能力，因此，铸剑师们开发并制造了一种武器。它有各种名称，在法国，被称为刺剑，在英国，

被称为直剑，在说德语的欧洲地区，被称为panzerstecher。这些剑有不同长度的剑刃，但是所有剑的顶部都是一个锋利的尖。虽然这些剑不能刺穿钣金甲，但是他们却能刺入金属甲片间的连接处，这具有致命的效果。

作为地位象征的剑

随着火器在战场上取代了带刃的武器，剑越来越成为一种民间武器，或是用于自卫，或是用于决斗。出现于16世纪西班牙的窄刃细剑，成为特别流行的角斗剑，并进而发展成了现代击剑运动中的重剑。

骑士长剑

这是一把15世纪的骑士长剑，是一种双手使用的砍杀武器。这些剑在德语中被称为长剑，在意大利语中被称为大剑。

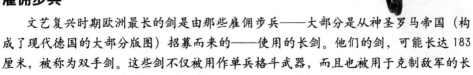

雇佣步兵

文艺复兴时期欧洲最长的剑是由那些雇佣步兵——大部分是从神圣罗马帝国（构成了现代德国的大部分版图）招募而来的——使用的长剑。他们的剑，可能长达183厘米，被称为双手剑。这些剑不仅被用作单兵格斗武器，而且也被用于克制敌军的长矛和战戟，以此来冲散敌军步兵团的编队。这件德国的武器样品来自16世纪。

到 18 世纪时，剑成为所有欧洲贵族（或者那些想让自己看起来像一个贵族的人）随身佩带的必要时尚品。日常佩带的最为普通的剑是小剑，它是首先出现于 17 世纪晚期法国的一种轻型戳刺武器。

这种武器在 18 世纪的欧洲普遍流行，这一点可以通过 1742 年 W．汉德勒的宗教歌剧——《弥赛亚》在爱尔兰的都柏林首次上演的报纸启事得到证明；

这条启事礼貌地请求绅士们不要佩带剑去听音乐会，这是为了增加音乐会大厅的座位空间。顺便说一下，汉德勒在这之前，曾经手持一柄无血的剑与一个作曲家决斗。

然而，到 19 世纪之初，剑已经不再时髦，它在很大程度上被决斗手枪所取代。

托莱多剑

西班牙中部城市托莱多，长期以来以制造高质量的剑和其他带刃武器而声名远播。这一传统至少要追随到 15 世纪，当时本地的铸剑师们生产出一种后来被称为法尔科塔的剑。首次对托莱多武器的记载出现在 14 世纪的罗马作家格拉惕厄斯的作品中。托莱多的铸剑师们使用了一种要比大马士革钢更好的优质钢材（这一点尚存争议），最终制成的剑获得整个欧洲的武士们的赞誉。根据某些材料，一些日本的武士可能也曾使用过托莱多制造的刀剑。历史学家贾雷德·戴蒙德在他的书《枪炮、病菌与钢铁》中提出，托莱多钢材制成的武器有助于西班牙征服美洲——16 世纪西班牙征服者们的这种钢剑和其他武器要远远优于阿兹台克和印加帝国士兵使用的武器。

这是一把制造于托莱多的西班牙小剑。

皇家近卫团的短剑

苏格兰皇家近卫团最初建于 17 世纪 70 年代，在 19 世纪早期是苏格兰国王的贴身卫队。卫队成员佩带这种短剑，其剑刃长 42.6 厘米，上面刻有独角兽（英国皇家军队的标志）和蓟（苏格兰传统的象征）。它装饰漂亮的剑把是由青铜制造的。

图说武器的历史

大剑

在中世纪晚期和文艺复兴时代早期，"大剑"这个词被用于指那些需要双手使用的非常长的剑，就像这里所展示的这把带有剑鞘的剑。虽然与长度相比，它们的重量相对较轻，但是使用这些可怕的武器需要技巧与力量。在德语国家的军队中，使用这些大剑的士兵们被称为都卜勒武士，他们往往会得到双倍的军饷。

马克西米连－帕拉斯科剑

帕拉斯科剑又被称为帕拉斯（在奥地利）、帕罗斯（在匈牙利）和帕拉茨（在波兰），它是一种双刃剑，用于刺穿奥斯曼（土耳其）帝国的骑兵所穿的锁子甲。奥斯曼帝国一直到17世纪都威胁着中欧的边境。这柄华丽的剑是哈布斯堡王朝的皇帝马克西米连（他在1493年成为神圣罗马帝国的皇帝）的一把礼仪剑。这把剑刃长90厘米，顶部是一个怪兽形的剑柄；护手钩两边分别是一只抓住一个球的手和怪兽尾巴的形状。

苏格兰宽剑

　　从中世纪到18世纪，苏格兰各个宗族的人一直使用可怕的克莱默（一种长达140厘米的双刃砍杀武器）进行战斗（发生在同族之间，有时是为了反对入侵的英格兰人的战斗）。克莱默这个词来源于盖尔人对剑的称谓：claidheamh。克莱默这个名字后来又被用于指篮型护手的宽剑（正如这里所展示的这把剑），这种剑往往由英国军队中的苏格兰高地军团的军官佩戴。

马耳他骑士团佩剑

　　马耳他骑士团又被称为医院牧师骑士团或耶路撒冷圣约翰修道会，他们是一个由"僧侣勇士"组成的修道会，其创建的目的在于保护十字军东侵期间前往圣地朝拜的基督徒。17世纪的修道会成员们携带着这种带有十字形剑柄（模仿马其顿十字）的剑。不过这时修道会已经从圣地退到了地中海的马耳他。这种剑的65厘米长的剑刃上刻着各种各样的宗教符号。

丹麦短剑

　　这是一柄18世纪的丹麦短剑，带有一个D型的防护装置和一个包裹着皮革的金属剑柄。这件武器似乎是1788年西斯方格公司制造的一件样品。

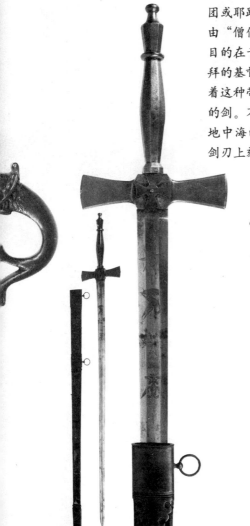

路易十三皇家卫队剑

　　这是17世纪路易十三（1601～1642年）统治时期，国王卫队所佩戴的剑。

法国小剑

这把 8 世纪晚期的、带有太阳标记的剑表达了对太阳王路易十四（1638 ~ 1715 年）的敬意和纪念。虽然路易十四已经死去很长时间了，但是太阳王的标记，直到拿破仑掌权，仍然十分流行。

边境团

这把剑由国王自己的皇家边境团（英国军队中的一个军团，它的出现要追溯到1680 年）的军官佩戴。皇家边境之所以如此命名，是因为它是从苏格兰和英格兰之间的边境县——兰开夏郡和坎布里亚郡招募士兵的。这把剑的镀金黄铜剑柄被浇铸成一条龙的形状。

法国小剑

这柄法国军官的小剑来自拿破仑时代。剑柄和护手钩饰有拿破仑远征埃及的图案。虽然这种剑主要是搭配在正装上，经常出现在一些重要场所，例如拿破仑的宫廷等，但是它们还是为佩剑人提供了保护。军官的地位越重要，那么他的剑柄就会越精致。这些法国小剑为 19 世纪和 20 世纪的军装佩剑提供了一个模板。

法国正装剑

这柄法国正装剑，带有一个圆头的剑柄和一个饰满人工钻石的护手钩，它是 18 世纪贵族和侍臣佩戴的典型的小饰剑。

非洲和亚洲的刀剑

这里展示了来自非西方世界的各种各样的剑（以及其他带刃武器）。当欧洲的传教士、冒险者和商人收集到大量这类武器时，许多剑的构造和样式与几个世纪甚至几千年之前它们被铸造之时相比，没有发生什么变化。

蒙古人的影响

从古代以来，剑在西方世界就主要作为戳刺武器，它们通常是单刃的，适合那种步兵团在战场上扮演关键角色的"西方战争方式"。从13世纪早期开始，蒙古骑兵离开中亚征服了中国、印度和现在称为中东的大部分领土。蒙古骑兵的主要武器就是弓箭，但是它们也佩戴着一种单面弯刃剑，用于将近在咫尺的敌兵砍下战马。

这种武器，被历史学家称为土耳其——蒙古马刀，它对于世界上大部分地区剑的发展产生了巨大影响。这柄"祖先剑"的后代是阿拉伯的萨里夫剑，印度的图尔沃弯刀（以及阿富汗的同类剑——普尔沃剑），波斯的夏姆歇尔弯刀，土耳其的克里柯弯刀，最后还有欧洲的马刀。在欧洲，这种类型的弯刀，通常被称为半月弯刀——这个名称可能来源于波斯的夏姆歇尔弯刀——但是这些包罗万象的名称还是不能涵盖无穷无尽的土耳其—蒙古马刀的各种改进品。

土著人的剑

在受到蒙古影响的地区外（欧洲的影响，至少要到15世纪和16世纪欧洲的"帝国主义"时代），土著人的刀剑制造获得蓬勃发展：这样的例子包括柏柏尔人（一个北非的游牧民族）的塔包卡。撒哈拉非洲以南的一些最精良的刀剑则是库班文化（居住在现在刚果，说班图语的人聚合在一起创造的文化）的产物。

中国的制剑工艺

中国的刀剑制造有着悠久和辉煌的历史，它始于西周（公元前1122～公元前771年）的青铜剑。通过几个世纪的发展，中国的刀剑铸造从使用青铜进化到使用铁，进而最终发展到使用钢，而且中国人还发明了反复锻造与折叠加工和刀刃局部淬火的技术，这些技术影响了整个南亚和东南亚，尤其是日本的铸剑技术。一些中国的铸剑师会将铸好的刀剑暴露在露天几年时间，让它们经受各种气候和极端的温度，以此作为对这些剑的"应力测试"。刀剑只有经受了这样的严峻考验，才会被视作有价值的成品。

与日本一样，刀剑在中国也具有一种作为纯粹的武器之外的文化意义。用一位历史学家的话来说，"刀剑一直承担着多重角色，像装饰品、荣誉、权力和等级的象征，以及礼仪和宗教祭奠用品"。

日本的刀剑

在日本，刀剑扮演着一个特殊而重要的文化角色。几个世纪以来，刀剑只限于武士（武士阶级的成员）所有。他们承诺会遵守武士道，完全服从领主（大名）。武士们大多手持武士刀，（一种弯的单刃武器，常常需要用双手使用），以及腰刀（一种短刀）。两种武器共同被称为对刀（常常被翻译成"大小双刀"）。

虽然武士在实战中主要使用弓箭和长矛，但是他们还是将刀视为"武士的灵魂"，并且会花费大量的时间去学会精妙地使用它。剑道是日本延续至今的战争艺术的一个有机组成部分。

铸剑师是日本中世纪最受尊敬的工匠。由于刀剑的文化意义，铸剑师所铸的刀剑往往被认为既是技艺高超的，又是充满了灵性的。武士刀的铸造是一个长期和复杂的过程，包括对钢片的反复捶打和锻造，由此才能制造出锋利程度和强度都极负盛名的武士刀。

马穆路克剑

土耳其－蒙古马刀也影响了马穆路克人。他们是奴隶－战士，从9世纪以来，构成了伊斯兰军队的主要组成部分，并且从13世纪到16世纪，在埃及和叙利亚，建立了自己的王朝。后来，马穆路克在埃及的统治被奥斯曼土耳其帝国所代替。在1804年，一个奥斯曼官员向美国海军陆战队上尉普雷斯利·奥巴农赠送了一把马穆路克风格的剑，作为对他领导一支海军和雇佣兵军队远征黎波里（在现在的利比亚）的答谢。在那里，普雷斯利·奥巴农和他的军队击败了北非海岸的"巴贝里海盗"，这些海盗长期以来一直攻击美国和欧洲的运输舰队，并且将俘虏的船员和乘客卖为奴隶。海军陆战队的司令官宣布接受这柄"马穆路克刀剑"，将它颁发给陆战队的军官们，直到21世纪，美国海军陆战队仍然骄傲地佩戴着这种剑。

皇家波斯半月弯刀

这把波斯皇家宫廷剑肯定是世界上现存的最美丽的武器之一，它属于1588年到1629年的波斯（现代的伊朗）君王阿巴斯大帝。这把剑饰有1295块玫瑰形的钻石，50克拉的红宝石，剑柄底部镶嵌着11克拉的绿宝石，整个剑柄上镶嵌着1.36千克的黄金。这把剑的历史和它的外表一样令人着迷。18世纪萨菲帝国没落之后，这把剑落入了奥斯曼土耳其帝国政府手中，随后又被转赠给俄国女皇凯瑟琳大帝（1729～1796年）。它被收藏于沙俄的国库，直到在1917年俄国革命的混乱中丢失。这把剑在第二次世界大战后重现欧洲，它被收藏在一个私人的博物馆许多年，直到1962年被法利·伯尔曼上校买走。现在它成为伯尔曼博物馆个人收藏品中的"皇冠上的宝石"。

大马士革钢

　　大约 900 年，随着大马士革钢引入中东，这里的铸剑技术实现了巨大的飞跃。大马士革钢这个词可能来源于大马士革的叙利亚城，或者来自阿拉伯语 damas（这个词的意思是"清水般的"——可能是指由这种钢制成的刀剑闪闪发光的样子）。与希腊火一样，用于制造大马士革钢的确切的技术和材料仍然存在很大争议，但是最终的成品有可能是通过一种特殊的合金和一道秘密的加工程序制成。两者结合在一起，从而制造出了一种刀，这种刀符合一把有效、可靠的刀的两个最重要的标准——在硬度方面，它可以让刀变得锋利，有一个像剃刀一样的刀刃；在弹性方面，它使刀刃在碰到敌人的武器时不会断裂。然而，在 18 世纪中叶，制造"真正的"大马士革钢的技术已经失传。虽然后来的带刃武器（和枪管）有时也被描述成是由大马士革钢制成的，实际上它们是由不同的方法制成的。近些年来，一些武器史学家一直在争论：最初的大马士革钢，从根本上而言，和印度的伍兹钢（公元前 200 年的一种用于铸剑的合金）是相同的。

波斯刀

　　这是一把 18 世纪的直刃波斯刀。它的刀柄上有编成了篮子形状的金丝条纹，它的大马士革钢刀的刀刃上镶有黄金。

图尔沃弯刀

　　这把来自 18 世纪晚期或 19 世纪早期的图尔沃弯刀是全钢构造的。有时又被称为塔尔瓦，源于梵语中的剑这个单词。这件武器典型的特点是带有一片长达 76 厘米的曲刃。与日本的武士刀一样，图尔沃弯刀作为一种砍杀武器和戳刺武器都是极具效力的。

莫卧儿刀

　　这是一把莫卧儿时代（那个时代，印度次大陆的大部分地区都被一个由征服者巴布尔建立的王朝所统治）的印度刀。这把刀的玉制刀柄上饰有两颗红宝石。

印度礼仪剑

　　这把罕见的礼仪神庙剑原产于 18 世纪早期的印度。它的钢刃是双面的，特别弯。它上面的剑刃上有 7 个孔，用于悬挂小圆环，随着剑的移动，这些小圆环会发出响声。

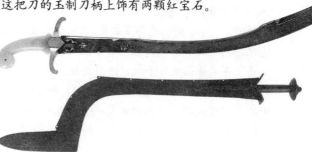

西藏剑

这是一把19世纪的中国西藏直剑,与中国传统的剑非常类似。它的剑柄饰有绿宝石和珊瑚,并且有一个银制的剑鞘。

斩首刀

这是一把19世纪的斩首刀——一种居住在伯尼洛内地(现在的马来西亚的部分地方)的婆罗洲土著人用于砍头的刀。尽管这种刀的长度较短,重量较轻,但在有经验的使用者手中,它被证明是一种致命的武器。除了实战中的作用外,它也是一种全能的刀。剑鞘上面展示的这把小刀用于割取敌人的头颅。

考拉刀

考拉刀是尼泊尔的国刀(虽然刀的样式已经传入印度和中国西藏),它的特点是有一个长达71厘米的曲形钢刃,刀的顶端较宽。从根本上而言,它属于爪哇武士使用的反曲刀的一种类型。作为一种砍头武器,它既被用于战争,又被用于砍杀动物作为祭祀品。这里展示的这把来自印度的刀,据说被用作行刑的武器。

扁斧

　　扁斧并不是刀剑，而是一种用于切割木头的短柄斧，它在许多非洲文明中承担着礼仪的角色。这柄19世纪的礼仪扁斧来自西非的达荷美（现在的贝宁）王国。

库班剑

　　西非的库班人又被称作"点火的人"（一个贴切的描述。他们是这一地区最为好战的文明人之一，他们甚至会把妇女也送入战场）。他们手里持有制作精美，但却致命的武器，就像这里展示的这把金属刃的硬木手握剑。这种武器的剑刃越大，说明持剑人的社会地位越高。

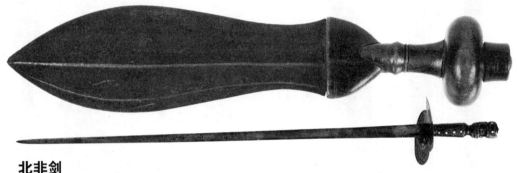

北非剑

　　这是一把19世纪的北非礼仪剑，带有一个有雕刻的木制剑柄，剑柄的底部是一个人头样的圆头。剑的护手非同一般，因为它有着一个拇指槽。

缅甸刀

在缅甸语中，刀剑是"dha lwe"，匕首则是"dha hmyaung"。这里展示的两把带剑鞘的武器可能是来自19世纪的匕首。其中一把匕首的刀刃上镶饰着波形花纹——各种刀剑的一种典型装饰（波形花纹装饰是一种在钢刀上镶饰饰物的技术）。对于居住于缅甸与包括泰国和老挝在内的东南亚其他地区的苗族、喀伦族、瑶族、回族人文化中的男人们而言，持有这种武器是一种地位的象征。

非洲剑

这是一对罕见的非洲剑，这两把剑带有66厘米长的双面剑刃，手刻的剑柄是一男一女的造型。

萨拉姆帕苏剑

一把萨拉姆帕苏（现在中非的扎伊尔）的武士使用的铁刃剑。它的包有皮革的木制剑鞘上装饰着几根藤条。

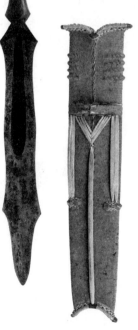

缅甸刀

一把18世纪的刀，它有一片装饰华丽的锋刃和一个木制刀鞘。这种刀的特色是刀刃被染成蓝色以增加美观，而且常常还会饰有银线。

18 世纪的刀

图片展示了一把 18 世纪武士刀的把手和把手底部的圆头。

武士刀

这是一把 19 世纪的武士刀或剑。与短刀一样,武士刀主要是一种砍杀武器,但是它也可以用作戳刺武器。上面像针一样的矛刺是一种戳刺刀,如果使用者有机会足够接近敌人的话,它会用于向上刺入敌人的心脏。

象牙短刀

这是一把 19 世纪的短刀,有一个雕刻复杂的象牙刀柄和刀鞘,它们的上面刻有龙的图案。

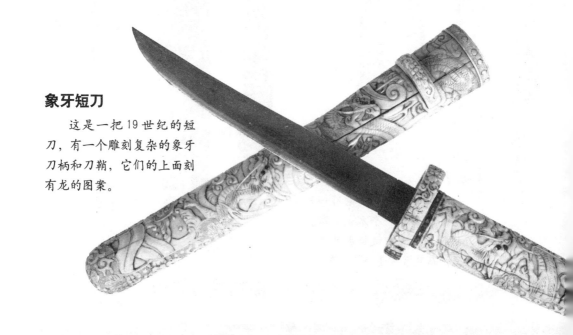

武士刀

佩戴武士刀（例如这里展示的18世纪武士刀）最初只限于武士阶层。这种刀非常锋利，具有很大杀伤力，如果想精通刀术，必然要勤加练习。这种刀往往带有传统的向上内拢的刀刃。随着封建制度的衰落，好勇斗狠的贵族在1868年丧失了法律的庇护，制刀商们开始生产这种刀用于出口。

日本军官刀

这种日本军官在20世纪30年代侵略中国直到后来的第二次世界大战期间使用的刀（正如这里展示的这把刀），从根本上而言，仍然属于武士刀的风格，但却是由现代的锻造技术而并非日本刀剑工匠的传统方法制造的。

带有景泰蓝刀鞘的短刀

这样的刀，在正式的场合下，有统一的标准。这把刀大约制造于1870年，它的刀鞘是做工精良的景泰蓝制品。这把刀可能属于一个富裕的中国军官所有。

剑

　　中国战争艺术的实践者将直刃剑视为"所有武器中的绅士"。这把19世纪的剑的特点是剑柄和剑鞘上带有景泰蓝的饰物。

双剑

　　这对双剑可能来自18世纪。这对双剑被设计成这样，使得它们可以装入一个黑色涂漆的皮革剑鞘。

剑刺

　　这是一把罕见的、非比寻常的带有马镫形剑柄的短剑。这把剑除了带有双面剑刃以外，还有另外一个短刃在左角，便于割断敌兵战马的缰绳。

头盔断破棍

　　这件中国的头盔断破棍像棍棒一样使用。这种武器在战争中能够击倒一个敌人，即使他的头部带有保护性的装置。

短刀

　　这是一把修饰丰富、带有一个象牙雕刻成的刀柄和刀鞘的短刀。最下面的雕刻描述了猎杀猴子的场景。

决斗手枪

个人之间为了解决个人荣誉方面的分歧而进行决斗有着古老的历史，但是我们今天所熟悉的决斗出现在文艺复兴时期的南欧，并在 18 世纪的欧洲和北美（主要在上层阶级中）开始获得迅速发展。虽然决斗被普遍地宣布为非法和受到谴责（乔治·华盛顿禁止他的军官进行决斗，并把它称为"谋杀"），但是它还是在英国和美国继续发展到 19 世纪早期，并在欧洲大陆发展到稍后的一段时间。直到 18 世纪中期，决斗还是主要使用剑来进行，但是已经开始转向使用火器，从而创造了一种新的武器——决斗手枪。

伟大的军械工匠

起初，决斗者使用普通的手枪，但是在大约 1770 年，军械工匠们（主要是英国和法国）开始生产用于决斗这一特殊目的手枪。这些武器通常被制成"盒装套件"——两把相同的手枪与一个火药瓶、几个弹头铸模和其他附件被放在一个盒子里。由于决斗主要是上层阶级的习俗（至少在欧洲），因此，拥有一套价格不菲的盒装决斗手枪就成为一种地位的象征——就像今天驾驶一辆高马力的运动跑车一样。这些武器由最著名（收费最高）的伦敦军械工匠（例如，

罗伯特·瓦顿和他的竞争对手约翰以及约瑟夫·曼顿，在某种意义上，他们就像是当时的"法拉利"和"保时捷"）制造的。

射击的准确性和可靠性

大多数决斗手枪接近 45 厘米长，带有一根 30 厘米的枪管，通常的口径在 10.16 毫米到 12.7 毫米之间。在 18.2 米的距离内（决斗者射击的通常距离），这些手枪的射击极其准确，虽然普遍接受的决斗规则规定只能使用滑膛枪和最简单的瞄准装置，但一些决斗者往往会被一种"盲射"的把戏所欺骗。

卡隆的盒子

法国的皇家枪械工匠、巴黎的阿方斯·卡隆，制造了这套 19 世纪 40 年代晚期的盒装手枪。这个盒子里有一套标准的附件——火药瓶、弹头铸模、推弹杆、清洁棒和放置撞击式雷帽的盒子。火药瓶上饰有埃及象形文字——这反映出古埃及图案在 19 世纪晚期的法国非常流行。

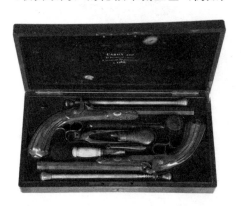

　　为了最大程度地实现射击的准确性，许多决斗手枪带有一个"固定的"或"使射击准确的"扳机。这个固定的扳机充分利用了一种在扳机上保持张力的装置，只要轻轻的一点抠力就可以让手枪开火。而传统的手枪射击需要很大的抠力，这样往往会使其偏离射击者的目标。

　　除了射击的准确性以外，手枪射击的可靠性也是决斗者主要关注的，因此，所有的零件都得到精确加工和安装。与这个时代的许多火器不同，大多数决斗手枪没有什么装饰品，这样金银镶嵌在阳光下的反光才不会分散决斗者的注意力。然而，欧洲大陆的军械工匠却制造了一些饰物丰富的决斗手枪，这些雕工精致的"盒装套件"常常被用作展示品而生产出来，而不是为了"荣誉战场"上的实际应用。

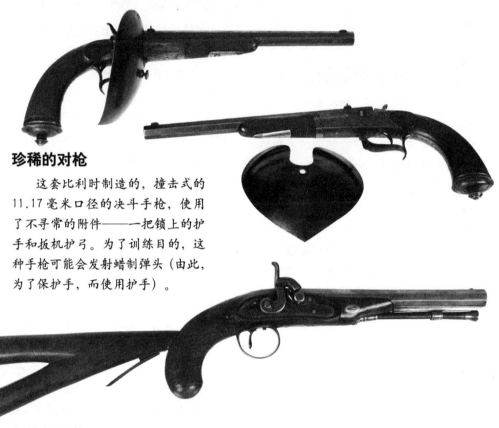

珍稀的对枪

　　这套比利时制造的，撞击式的11.17毫米口径的决斗手枪，使用了不寻常的附件——一把锁上的护手和扳机护弓。为了训练目的，这种手枪可能会发射蜡制弹头（由此，为了保护手，而使用护手）。

沃格顿手枪

　　这把由英国著名枪械工匠罗伯特·沃格顿制造的手枪，装有一个并非用于决斗的木制的肩扛枪托。起初，这种枪使用的是燧发式枪机，随后变成了撞击式枪机。

　　沃格顿制造的手枪被用于1804年那场著名的决斗，在这场决斗中，美国副总统亚仑·波尔击中了他的政治对手亚历山大·汉密尔顿。

喇叭枪

喇叭枪是一种短的，通常是燧发式的滑膛步枪，它的枪管顶部是一个向外展开的枪口。这种武器出现在欧洲，确切地说，可能最早出现于 17 世纪早期的德国，虽然它直到大约 100 年后才获得广泛使用。这种武器的名字源于英语化的荷兰语"donderbuse"，意思是"霹雳盒子"或"霹雳手枪"。喇叭枪的铅制子弹开火时，在短距离范围内的杀伤力是致命的，这种武器通常被用作马车夫抵抗劫匪，商人和家庭主人打击盗贼，旅店主人防卫强盗的武器。这种武器也被用于海上作战，因为它是船板上进攻的理想武器。

"霹雳盒子"

人们对于喇叭枪，存在两个普遍的误解。第一个误解是，喇叭枪向外展开的枪口（常常被描述成铃铛形状或喇叭形状）用于分散射击的载重（以现代射击枪的方式）。事实上，扩展型枪口分散载重的模式与非扩展型枪管没有什么不同。然而，枪口的宽嘴，便于迅速地重装弹药。它也存在一个心理效应。用火器历史学家理查德·阿奎斯特的话说，"这个大铃铛嘴是最具威胁力的，那些被它瞄准的人确信：他们无法逃避它那致命的一枪"。阿奎斯特也注意到一些英国喇叭枪的主人通过枪上的题刻"他

的幸福就是躲开我"，也提升了喇叭枪的威胁因子。

第二个误解是，喇叭枪常常并没有装载传统的子弹而是装载了金属碎片、钉子、石头、砾石，甚至是碎玻璃，以求达到一种特别的杀伤力效果。

在旅途中或远方使用的喇叭枪

喇叭枪的全盛期在 18 世纪，那时越来越多的人沿着欧洲简陋的道路出游，于是遇到持有手枪的劫匪抢劫的危险常常出现。喇叭枪的枪管常常是由不生锈的黄铜制成的，这很有必要性，因为喇叭枪通常由常年坐在户外的马车夫和保镖持有。

陷阱枪

这把欧洲 19 世纪的撞击式雷帽喇叭枪，用于打猎而不是攻击或防御人类，它充分利用了这种喇叭形枪管。陷阱枪通过丝线与一个放置了诱饵的陷阱连在一起。当动物过来吃诱饵时，丝线松开扳机，陷阱枪开始发射。

除了它在海上的作用外（这既包括正规的海军，也包括海盗和武装私掠船），喇叭枪在陆地上也有一些军事用途。18世纪的奥地利、英国和普鲁士军队都使用过装备了这种武器的军队。根据一些历史资料记载，在革命战争期间，美国的大陆军骑兵也认为使用喇叭枪要优于卡宾枪。然而，喇叭枪非常短的射击范围限制了它在传统战争中的效力。

喇叭枪的流行，一直延续到19世纪早期的几十年，这个时候短枪取代了喇叭枪，成为人们偏爱的短距离攻击火器。

法国喇叭手枪

虽然大多数喇叭枪都有一个步枪型的肩膀枪托，但是18世纪和19世纪的枪械工匠们也制造出喇叭手枪，例如这里展示的这件法国武器。这种武器常常由法国海军军官佩戴，也被广泛用于法国革命期间的巷战。

印度喇叭手枪

18世纪的印度喇叭枪不同于欧洲的喇叭枪，这是因为，它有一根钢制枪管而不是黄铜枪管，并且使用火绳点火（这是一种在欧洲和美洲早已过时的点火装置）。它的28厘米长的枪管上饰有鱼鳞的图案。连接在枪上的针状物体是一个触空尖器，用于清除火门（火门将导火线与火药连接在一起）中的残留火药。

美国喇叭手枪

1814年位于弗吉尼亚的哈珀渡口的美国国家兵工厂制造了这把喇叭枪。和其他国家一样，美国生产这种喇叭枪也是既为了陆军和海军使用，又将其作为地面之上的堡垒的防御枪械。玛利威瑟·刘易斯和威廉·克拉克在他们在美国西部著名的探险过程中（1804～1806年），也随身携带了一对喇叭枪。

土耳其喇叭手枪

这把装饰精美的土耳其喇叭枪被送给了法国将军佩里希耶，后来又被他的妻子转送给派洛皮德。克里米亚战争（1854～1855年）中的塞瓦斯托波尔攻坚战期间，派洛皮德将军可能随身携带着这把喇叭手枪。

海军武器

从古代一直到 16 世纪，西方世界的海战在某种意义上来说，就是陆地战争的延伸。海战通常需要船桨驱动的战舰舰队靠近海岸进行战斗。这样做的目的是为了用战舰上的强弓击中敌人，或者是为了足够接近敌船与其进行搏斗。然后，装备了传统步兵武器（长矛、剑、弓箭）的士兵可能会登上敌方战舰在甲板上与敌军战斗。然而，到 17 世纪中叶时，帆船已经发展成为重炮的稳定平台。在后来的航海时代（一直持续到蒸汽机引入后的 200 年），大规模的海战中常常出现几列（纵队）战舰使用射程在 122 米的大炮不停地相互炮击对方。每一方都希望打破另一方的战舰队列，使他们的船丧失战斗力。然而，单艘船之间的许多更小战斗仍然是由登上敌舰的士兵和防御者之间的战斗决定的（双方都使用了各种类型的手持武器）。

舷侧炮

重型枪炮早在 14 世纪就已经被安装在欧洲的船上，但是它们却是被放置于主甲板上的"城堡内"，并且数量有限，效用也受到限制。在国王亨利八世（1509～1547 年）统治期间，英国的战舰开始将大炮装在更低的甲板上，通过炮台点燃大炮，大炮没有射击前，人是可以接近它的。这一改造启动了海军枪炮技术的发展，并最终造成了拿破仑战争大规模地使用"排成纵队的战舰"。这些战舰，在 2 个到 4 个甲板上，安装了多达 136 门炮。

这种前膛装填式的，带有黄铜或铁制炮管的战舰大炮，通过其炮弹的重量被划分为几个等级，其中使用 10.8 千克和 14.4 千克炮弹的大炮是最为普通的。由铁制成的圆形炮弹是通常的炮弹，而像锁链炮弹（两个圆形的炮弹，通过一根长链联结在一起，为了砸碎敌人的船

希腊火

这是一种可怕的，已经消失的海军武器——希腊火。它出现在 7 世纪的拜占庭帝国，是一种易燃的化合物，它可以焚烧它所击中的任何物体（或人），而且几乎不能将火扑灭。不容置疑，希腊火是一种可怕的武器。希腊火被用于陆战，但是已经证明它也特别适用于海战，因为它可以在水中燃烧。这种武器从装在船头的管中发射出燃烧液体，拜占庭海军成功地使用它击退了从 8 世纪到 11 世纪当中几个敌人的海上侵略。这种早期的"超级武器"的构造是一个保守极为严密的秘密，以至于拜占庭人最后发现没有人记得如何制造它。现代的历史学家仍然在争论到底是什么成分构成了希腊火，他们认为希腊火有可能是几种化学物在油中的混合物。

帆和船的索具）那样的特殊炮弹也得到使用。除了这些"长枪炮以外"，这一时期的海战也使用了大口径短炮或"轰击者"（一种发射相同重量的炮弹、长度更短的大炮，主要用于近距离作战）。

战舰一侧的舷炮齐发的炮弹重量（在一次射击中所有枪炮发射炮弹的重量）是惊人的：皇家海军的胜利号（1805年特拉法加大海战中海军上将霍雷肖·纳尔逊的旗舰）舷炮齐发的重量是522千克。

航海时代的战舰也有一群水兵，在斗中，这些"海洋士兵"可能会倾向于

在帆头的平台（桅杆旁的平台）上使用步枪击杀敌军水兵。如果距离足够接近的话，他们也会把手榴弹抛到敌舰的甲板上。如果己方战舰与敌方战舰横靠在一起的话，双方的水兵和水手会组建一支登船队，配备着包括矛刺、卡特勒斯（一种短弯刀，也被称为腰刀）、喇叭枪、滑膛短枪（短管步枪）和手枪在内的武器。由于在甲板上的激战中不能给前膛枪重装火药，这些枪在射击后，往往被颠倒过来，用作棍棒。

卡特勒斯刀

卡特勒斯刀是一种短的、宽刃的砍杀刀，是航海时代海军使用的主要武器。这种武器的名字可能源于意大利语术语coltelaccio（"大刀"），或法语术语cutteaux（这一术语应用于类似的武器）。这种刀相对短的长度使得它在拥挤、混乱的船甲板上的肉搏战中很容易驾驭。大多数卡特勒斯刀（就像这里展示的这件英国展品）都有结实的防护装置，既用于保护使用者的手，又用于击打敌人。

枪榴弹发射器

作为一件令人感兴趣的18世纪英国海军武器，这件"手炮"被用于发射一种燃烧手榴弹。木制的弹体的一段浸泡过松脂（一种可燃的树脂），顶部是一块插入枪管中的燃烧布片。这种武器被点燃之后，将燃烧的飞弹抛到敌舰的甲板上或船索上，以期点燃敌军的船。

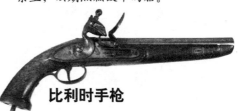

比利时手枪

根据枪管上的标志展示，这是一把大约制造于1810年的18.79毫米口径的比利时海军手枪。

英国海军登船斧

这把新月形的斧头和其后面稍微弯曲的长钉是19世纪早期欧洲海军典型的武器。这样的斧头是砍断船绳，折断桅杆，以使敌舰不能移动的理想武器。

第四章
从拿破仑战争到 1914 年

"在你周围的海上，甚至没有一艘单船会逃脱。当你那鲜亮的、充满能量的甲衣的衣角随风飞舞之时，你很少能看见后面的高山从你身旁掠过。在士兵们第一次遇到敌人的这个地方，你们必须要么征服敌人，要么战死。"

——汉尼拔在他的部队的演讲 公元前 218 年

从 1815 年滑铁卢战役到后来第一次世界大战爆发的 99 年的时间中，武器技术经历了飞跃式的发展。到 19 世纪中期时，古老的滑膛枪已经被来复枪（一种射程更远、射击更加准确的武器）所取代。燧发式射击装置首先被撞击式雷帽系统取代，随后又被发射完全封闭的金属子弹的武器所取代。

这样的子弹的引入，使得连发式武器（它可以连续发射多发枪弹而不用重装弹药）作为一个可行的设想被提出。到 19 世纪末，大多数军队可能都装备了具有栓式枪机和弹匣的来复枪。19 世纪中叶萨缪尔·柯尔特公司推广普及的左轮手枪，使得人们开始拥有了一把具有真正效力的手枪。枪械发明家们在 19 世纪末就已经开发出了自动手枪。19 世纪最后的几年也出现了由海勒姆·马克西姆先生发明的机枪（一种只要扣动扳机，就可以持续地射击的武器）。枪炮现在完全主导了战场，刀剑之类的带刃武器，越来越向纯粹的礼仪角色转型（除了世界上那些仍然没有被西方技术触动的地方）。

拿破仑战争中的武器

1789 年 7 月 14 日，一群巴黎人冲入了巴士底狱——一个臭名昭著的皇家权力的象征——引发了法国大革命，并且制造了一系列事件，使欧洲和世界上许多地区陷入了战争。在法国革命的动荡中，出现了一位领袖——拿破仑·波拿巴，他作为一名军事统帅所取得的令人震惊的成就成为他政治统治的基础。拿破仑战争时代（从 1799 年一直持续到 1815 年这位皇帝在滑铁卢的最终战败），并没有出现任何武器技术的飞跃，但是拿破仑精妙地利用了当时现存的武器征服了欧洲大部分地区。

步兵武器

拿破仑战争中标准的步兵武器是滑膛枪和前膛式燧发步枪。拿破仑军队的步兵常常身背 17.52 毫米口径的沙勒威尔步枪。1777 年这种步枪在位于阿登山地的一个兵工厂首次被生产出来，步枪的名字取自这个兵工厂的名字。在拿破仑的对手中，英国军队使用的是古老的 19.05 毫米口径的标准步枪，常常被普遍称为"布朗贝斯"，普鲁士军队在 1809 年后装备了 19.05 毫米口径的步枪（在很大程度上是基于法国沙勒威尔步枪改造的）；而俄国军队在 1809 年统一使用 17.78 毫米口径的步枪之前，一直使用着各种各样不同口径的进口枪和和国内生产的步枪。

滑膛步枪天生射击就不准确，其有效射击范围不超过 90 米。然而，射击的准确性在这一时期的战术中并不是主要因素。这一时期的战术主要依赖于大规模的步兵编队进行群发射击，实际上也就是将"一堵子弹墙"打向敌军战线。如果敌军面对密集的炮火乱了套，随后就会发动刺刀肉搏战，刺刀肉搏战的效应主要是心理层面的。

这一时期所有的军队都拥有使用射击更为准确的来复枪的军事编队。但是因为来复枪装火药的速度甚至要比步枪还慢，它们的使用在很大程度上只限于那些专业化的，并且常常是精英部队。这一时期最著名的来复枪是由伦敦枪械工匠伊齐基尔·贝克设计的贝克来复枪，大约 1800 年被引入英国军队。1809 年，在西班牙的一名英国来复枪枪手使用贝克来复枪从大约 550 米的距离杀死了一名法国将军。

骑兵武器

拿破仑时代的骑兵军队分为轻骑兵和重骑兵两种。两种骑兵都使用刀，常常是用于砍杀的马刀，但是法国军队仍然偏向用刀尖"刺穿"敌人的身体。轻骑兵常常在马下使用马刀或手枪。重骑兵，例如，法军的胸甲骑兵，常常从摇篮里就开始战斗，他们装备着沉重的直刃刀剑。

法国军队与它的对手俄国、普鲁士、

奥地利的军队一样，也使用装备长矛的骑兵部队。长矛骑兵常常用于对抗步兵编队，因为他们的长矛可以超过步兵刺刀的长度。

带刃武器的使用并非只限于骑兵部队。所有军事部门的军官都配有刀剑，在一些军队中，未经委任的军官往往会持有一根矛刺。

拿破仑的炮兵

拿破仑作为一名炮兵开始了他的军事生涯，在他统治期间，法国军队的炮兵以他们优秀的素质而获得声誉。这一点对于马拉炮兵部队尤为如此，这些炮兵部队装备着重量相对轻的，可以移动的大炮（就像这里展示的这件黄铜炮管大炮）。这些大炮可以迅速移动到指定位置，并且直接用于支援步兵。这些大炮可能发射圆形的炮弹（实心金属球），或者在更近距离内，发射霰弹（它由许多从炮口发射出的小金属球组成）。历史学家对于拿破仑的大炮效力存在争议。一些人坚持认为，在许多战斗中，它是最为致命的武器；另一些人认为，炮火与刺刀一样，主要用于使敌人

青铜火炮

随着火炮结构和青铜使用的进步，法国已经能够制造这种类型的大炮，它的重量仅为 30 年前的大炮重量的一半。这使得大炮可以更为容易地移动，由此使它得到更为频繁地应用。

军心涣散。

青年马刀

这是一把逐渐向下弯曲的"青年马刀"，来自大革命期间。那个时候法国政府征集了大量军队去抵御欧洲其他强国的入侵。

穿军装的国家

拿破仑·波拿巴在战场上的成功并不能仅仅归因于武器方面一些重大的技术创新，而是因为他作为一名统帅，具有卓越的才华（无情地利用可以获得的人力）。在法国大革命期间，波旁王朝数量相对较少的职业军队被应征入伍者所取代——著名的马赛义勇军。拿破仑将招募士兵方面的创新用于自己独裁统治的目的，从 1804 年到 1813 年之间，大约有250 万法国人被征召入伍。这位皇帝对于士兵生命的挥霍是惊人的——正如他对奥地利的梅特涅所说："你不能阻止我。我一个月中牺牲了 30000 名士兵的生命。"

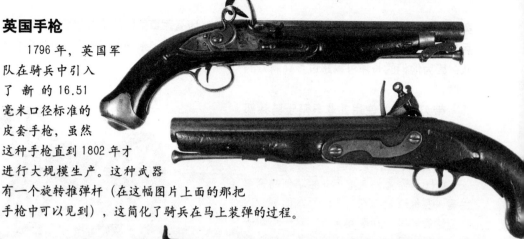

英国手枪

1796 年，英国军队在骑兵中引入了新的 16.51 毫米口径标准的皮套手枪，虽然这种手枪直到 1802 年才进行大规模生产。这种武器有一个旋转推弹杆（在这幅图片上面的那把手枪中可以见到），这简化了骑兵在马上装弹的过程。

鼓手男孩来复枪

这把步枪是从滑铁卢战役后的战场上收集的，一名法军鼓手男孩原先持有这把枪。这把枪总长有 88 厘米，而标准的法国沙勒威尔步枪则只有 52 厘米长。两种枪都装有类似的刺刀。后来，这种步枪从燧发式发射装置改装成撞击式雷帽发射装置。

空气枪

拿破仑战争期间一种最与众不同的武器就是 1808 年到 1809 年奥地利使用的气枪。这种通过压缩空气发射子弹的武器在 17 世纪被引入军队，相比火药，它具有明显的优势：这种空气枪射击时不会产生声音和烟雾，也不会在枪口产生火焰从而暴露射击人的位置。这些特性使得它们成为狙击的理想武器。这种奥地利武器又被称为风枪，是由巴尔托洛梅奥·吉拉恩多尼在大约 1780 年首次制造的。这种枪的规格在不断发生变化，通常能够发射 12.95 毫米口径或 13.2 毫米口径的枪弹，枪速是每秒 305 米（压缩枪内空气后），一次射击，可以打出 20 环。风枪（空气枪）首先被分配给传统的步兵团队，但是奥地利最终组建了一支装备这种武器的特别部队。虽然使用风枪（空气枪）并不足以击败法国军队，但是据说它所激发出来的恐惧使得拿破仑亲自下令对于发现使用这种武器的奥地利士兵一律格杀勿论。尽管空气枪的实效很强，但是它从没有被人认为是一种军事武器——这可能是因为需要形成必要空气压力的充气过程比较耗时，再加上它们作为"恐怖武器"的恶名。

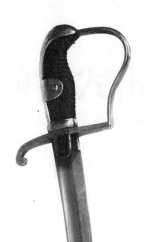

侍卫的刀

1814 年拿破仑皇帝退位之后，法国恢复了路易十八的皇家统治，这场复辟由于拿破仑在 1815 年从流放地地中海的厄尔巴岛逃回，而被中途打断。

这位皇帝（路易十八）的一名皇家贴身侍卫持有这种 1814 年的马刀。这种马刀带有一个黄铜制成的半篮子形状的护手装置，护手装置上饰有带有百合花饰的皇冠（这种百合花象征着法国自 14 世纪以来的君主政体）。这把刀的刀刃上也带有百合花饰，花饰周围有一些字母，来确认这把刀是国王侍卫的刀。

英国骑兵刀

这把 1796 年英国标准的轻骑兵马刀是一种既漂亮又具有实效的武器——它的实效很强，以至于普鲁士的军队（英国在反抗拿破仑战争中的盟友）也使用它。这种刀的设计可能是从印度的图尔沃弯刀中获得灵感。这种马刀倾向于被用作一种砍杀武器，它的刀刃长 84 厘米，会造成可怕的刀伤。根据某些材料记载，法国的军官们反对使用这种武器。

从燧发枪到撞击式雷帽枪

19世纪初，燧发装置已经成为枪械的标准射击装置超过一个世纪了。燧发式武器的缺陷（对恶劣天气的适应能力差，点燃击发槽和主要的推弹条中的火药需要耽搁较长时间）使得几个发明家开发出使用化学合成物（像雷酸汞）的射击装置作为点火的方式。这种撞击式系统（有时也被称为雷帽枪机）最初主要用于运动枪械，但是在19世纪中期，它获得了广泛的军事应用。

早期的撞击式武器

这种撞击式系统的发明灵感来自于运动员的运动间歇。一名苏格兰牧师——雷·亚历山大·福西斯认识到，他的鸟枪在拉动扳机和实际射击之间的间歇往往会向鸟发出足够长时间的警报，从而使得它们逃离。大约在1805年，福西斯制成了一种新的枪机，在这种枪机内，用一把小锤击打一枚插入一个装有特殊的起爆炸药的小瓶内的撞针，这样进而就会点燃装载枪管中的火药。福西斯的"香水瓶"枪机（由它的形状而得名）是一个重要的进步，虽然使用这种系统的武器也存在一些缺陷（例如，整个"瓶子"有可能会爆炸），但是它激发了另外几名枪械工匠（包括著名的约瑟夫·曼顿）的灵感，去试验其他的射击系统，特别是在1821年福西斯的专利到期之后。用火器史专家理查德·阿奎斯特的话说，各种各样的依靠撞击式发射的"弹丸、带子、导管和雷帽"（里面装有几种不同类型的起爆合成物）开始得到应用。

撞击式雷帽

最终获得广泛应用的是金属雷帽（起初是由钢制成的，后来由铜制成）。它装满了一种主要成分为雷酸汞的合成物。这种火帽被装在枪机内的引火嘴上，当开火人拉动扳机时，小锤会击打雷帽。

关于金属雷帽如何产生以及何时产生这一问题存在一些争论，但是人们还是普遍认为，英国出生的美国艺术家和发明家卓舒亚·肖（1776～1860年）在1814年左右制成了金属雷帽，但是他直到几年后才获得专利权。与此同时，一些其他的撞击式系统开始应用，像1840年由美国发明家爱德华·梅纳德（1813～1891年）推出的带状雷管系统，这些撞击系统的运转机制就像是现在的玩具雷帽手枪一样（这种固定的金属雷帽在1820年后成为标准雷帽）。撞击式系统的流行也是由于使用它，燧发式武器可以轻松地改装成具有新的射击装置的枪炮。

撞击式系统对于燧发式系统的优势是巨大的。它在所有天气条件下都是可靠的，极少会出现哑火的情况。这种系统也便于可靠的连发武器的引入，尤其是左轮手枪。撞击式系统花费了几十年的时间才在军事领域获得认可（拿破仑·波拿巴据说对于以福西斯的枪械系统为基础开发的新枪械系统很感兴趣，但是爱国的教士们回绝了这位法国独裁者的建议）。直到1840年早期，英国军队开始使用撞击式枪机更新它的步枪之时，带有撞击式枪机的武器才成为军队中的标准武器。

撞击式雷帽枪的全盛期相对短暂。这些武器仍然具有前膛枪的缺陷。从1850年开始引入完整的金属（弹壳）子弹后，这些武器开始迅速地被发射金属子弹的武器所取代。

斯普林菲尔德兵工厂的步枪

这把17.27毫米口径的1835式军用步枪制造于马萨诺萨州的斯普林菲尔德的国家兵工厂，它是美国官方军队中服役的最后一种滑膛武器。1835年到1840年，大约制造了30000件这种武器。这种枪最初是燧发式，后来在19世纪40年代晚期被改装成撞击式枪机发射。这一改动展示出带有枪锤的枪机要优于配置引火嘴的撞击式雷帽枪机。

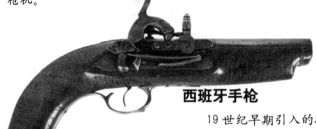

西班牙手枪

19世纪早期引入的撞击式系统所具有的不相容性造成了"双火"武器的产生。这把罕见的铜管手枪有一个既可以使用福西斯型起爆系统，又可以使用撞击式雷帽的发射装置。

哈珀渡口兵工厂的步枪

1841年，美国另一个主要的兵工厂（在弗吉尼亚州的哈珀渡口）开始生产新的撞击式滑膛步枪。到19世纪50年代中期，拥有来复线的枪械引入之时，斯普林菲尔德和哈珀渡口的兵工厂一起生产了大约175000把1842式步枪（正如这里展示的这把步枪）。后来，许多1842式的步枪被送回兵工厂装上来复线，以使用新的微型球状枪弹。

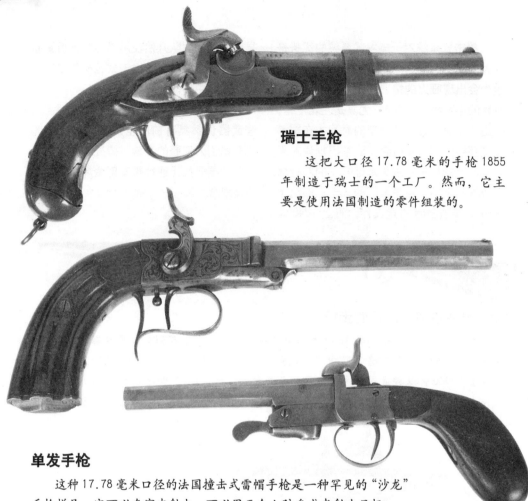

瑞士手枪

　　这把大口径 17.78 毫米的手枪 1855 年制造于瑞士的一个工厂。然而，它主要是使用法国制造的零件组装的。

单发手枪

　　这种 17.78 毫米口径的法国撞击式雷帽手枪是一种罕见的"沙龙"手枪样品。它可以在室内射击，可以用于个人防身或者射击目标。

特威格

　　由英国枪械工匠约翰·特威格制造的一对撞击式手枪中的一把。这把枪有一个装在枪管下面的弹簧匕首——这是一个不同寻常的构造，因为，许多这种类型的合成武器都将刺刀置于枪管之上。

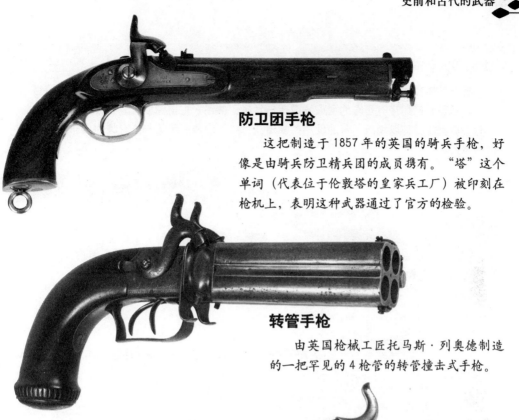

防卫团手枪

　　这把制造于1857年的英国的骑兵手枪，好像是由骑兵防卫精兵团的成员携有。"塔"这个单词（代表位于伦敦塔的皇家兵工厂）被印刻在枪机上，表明这种武器通过了官方的检验。

转管手枪

　　由英国枪械工匠托马斯·列奥德制造的一把罕见的4枪管的转管撞击式手枪。

佩启公司的手枪

　　撞击式系统的引入使得非常小的、简约型的武器得到发展，就像这里展示的这把11.43毫米口径的袖珍手枪（它由法国顶尖的枪械制造商——巴黎的佩启公司制造）。

东印度公司的手枪

　　这把撞击式皮套手枪是为英国的东印度公司制造的。1600年女王伊丽莎白一世颁发特许状，东印度公司垄断了与印度的贸易，并且有效地掌管英国在印度次大陆占有的殖民地直到1858年。东印度公司有自己的陆军和海军，由此成为英国武器制造商的主要客户。

从燧发枪到撞击式枪械的改装

　　将一件燧发式武器改装成使用新的撞击式系统的武器是一个相当容易的过程。枪械工匠们通常只需用带有雷帽的引火嘴取代击发槽，并用一把击锤取代燧石公鸡。因此，无数的燧发步枪被改造成了普遍使用的撞击式系统。这里展示了一些有趣的，非同寻常的改造枪。

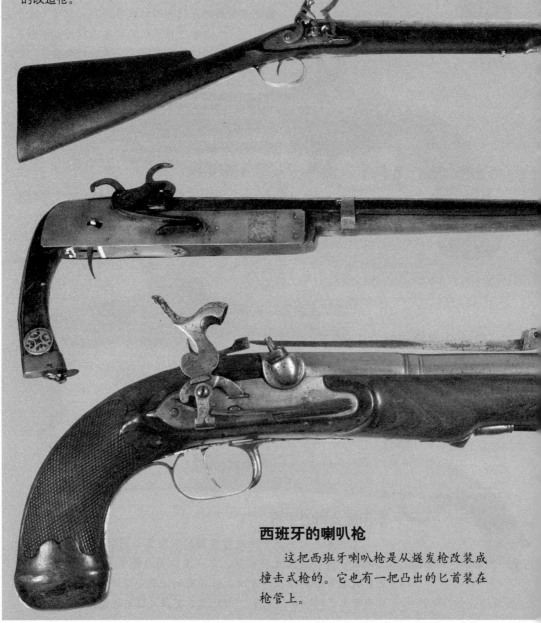

西班牙的喇叭枪

　　这把西班牙喇叭枪是从燧发枪改装成撞击式枪的。它也有一把凸出的匕首装在枪管上。

印度步枪

撞击式系统的缺点是这种武器只有发射者拥有雷帽时才能射击。一些枪械工匠，通过制造出既能使用撞击式装置又能使用燧发式装置的武器，克服了这一缺点。这里展示的精巧的印度来复枪有一个转盘（用于燧发方式起爆火药）和一个引火嘴（用于雷帽），燧发公鸡装置的下面有两个撞击锤的装置。

中国步枪

这是一名中国枪械工匠将一把可能制造于 18 世纪的火绳枪改装成撞击式雷帽枪。然而，在这种武器中，最初的火绳枪机装置虽然被改进，却并没有完全被取代。射击者必须将一个钩子钩在击锤后面，当扳机受到挤压时，击锤就会落下击打撞击式雷帽。

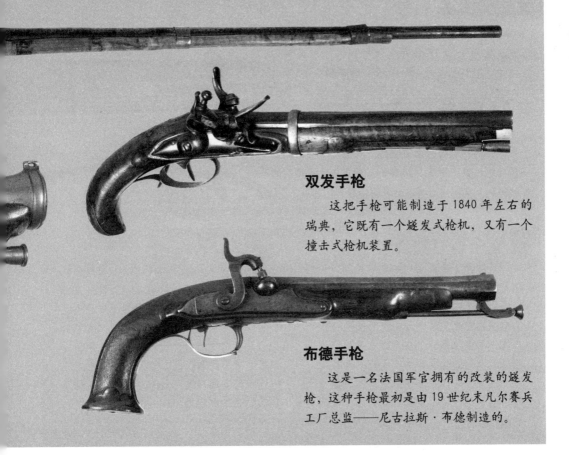

双发手枪

这把手枪可能制造于 1840 年左右的瑞典，它既有一个燧发式枪机，又有一个撞击式枪机装置。

布德手枪

这是一名法国军官拥有的改装的燧发枪，这种手枪最初是由 19 世纪末凡尔赛兵工厂总监——尼古拉斯·布德制造的。

19 世纪的刀剑

在 1815 年拿破仑战争结束之前，刀剑作为真正的作战武器的作用，在西方世界就已经开始衰落。刀剑，尤其是马刀，继续被骑兵军队使用，直到 19 世纪后，左轮手枪和连发卡宾枪的发展在很大程度上取代了刀剑在骑兵实战中的作用。然而，在许多军事部门，刀剑作为军官权威的象征仍然发挥了长期的作用。但是随着手枪成为现代军官的战场武器，刀剑越来越多地只出现在一些礼仪场合，与礼服搭配在一起。在民间，使用刀剑决斗在欧洲一直持续到 19 世纪，进而发展成现代的击剑运动，而其他兄弟组织在欧洲和美洲的发展，创造出对于纯粹装饰的刀剑的需求，这些刀剑被用于仪仗队或礼仪庆典。

英国的将军剑

这是一位皇家海军将军所有的一把英国军官剑。它有一个 1822 年制造的剑柄，单面剑刃上刻着"V.R."字母——代表"维多利亚女王"。

普鲁士将军剑

这是把由一位 19 世纪的将军持有的剑。剑的护手装置和剑柄的圆头来自当代，而剑刃（上面刻着一只奔跑的狼）则是 1414 年的。由于普鲁士军队的贵族传统，这把剑由将军的家族持有了几百年。

维克金森刀剑公司

虽然维克金森公司的名字长期以来都与刀剑制造联系在一起，但是这个公司是在枪械工匠亨利·诺克 1772 年在伦敦的勒盖德大街开了一家自己的店铺之时才得以开张。诺克成为这个时代最具知名度的枪械制造商，后来他接受了皇家任命，成为国王乔治三世的枪械制造商。这个公司也为长枪制造刺刀，诺克 1805 年死后，他的女婿亨利·维克金森使用了更加多样的生产线，来生产刀剑。维克金森将公司的生产设施搬到尔美尔街，维克金森刀剑公司很快由于它的高品质的刀剑和其他带刃武器获得国际声誉。19 世纪后期，这个公司开始制造其他金属产品，从打字机到园艺农具。维克金森刀剑公司在 1898 年推出了第一个"安全"剃刀后，又成为一个高级剃刀的制造商（这一地位一直保持到今天）。

1831 式英国刀

这把英国 1831 式将军刀的制造受到一把赠送给阿瑟·韦尔斯利（后来的第一任威灵顿公爵，1769～1852 年）的印度刀的启发，那时阿瑟·韦尔斯利正在印度次大陆服军役。这把弯曲的半月形刀摆脱了传统的英国刀的模式，这一点体现在它所带有的"马穆路克"的剑柄上。

美国的徒步炮兵剑

这把 1832 年美国军用剑的款式与古典短剑不太相同，它被发放给徒步炮兵使用。一些资料说，这种剑往往并不是被用作武器，而是作为一种工具（主要用来砍断清扫战场上炮弹碎片的刷子）。

法国炮手的马刀

这把法国 1829 年的马刀是由骑乘炮兵持有的。它的样式影响了 1840 年左右引入的美国军用马刀。

法国 1845／1855 式刀

右边这把法国的 1855 式刀的特点是带有一个铜制的刀柄和一个由丝线缠绕起来的鲨革（一种没有晒黑的皮革，常常由鲨鱼皮或其他鱼的皮制成）制成的握手。与法国 1829 式马刀一样，这把刀的样式也影响了同时代的美国陆军和海军军用刀的发展。

龙骑兵军官刀

左边是一把带有黑色的鱼皮握手的英国龙骑兵军官刀，它有一片单面垂直的，带有矛尖状刀尖的刀刃。刀套上镶刻着纪念塞瓦斯托波尔战役（1854～1855 年克里米亚战争）和德里战役（1857 年的印度士兵"叛乱"）的战斗勋章。

皇家骑兵剑

　　这是一把由皇家骑兵精兵团成员持有的骑兵剑。这把长 84 厘米的垂直单刃剑上面镶刻着精兵团的战斗勋章——从德廷根战役（1743 年发生在德国）到 tel-el-kebir 战役（1882 年发生在埃及）。

英国的礼仪剑

　　这是一把装饰精美的英国礼仪剑。它的剑柄是由镶有珠母的镀金的黄铜制成的。

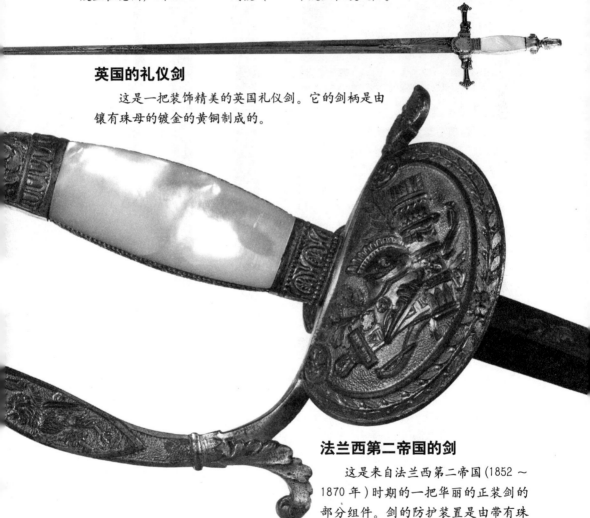

法兰西第二帝国的剑

　　这是来自法兰西第二帝国(1852 ～ 1870 年)时期的一把华丽的正装剑的部分组件。剑的防护装置是由带有珠母握手的镀金黄铜制成的。进一步的装饰还包括帝国的鹰和荣誉军团的军服衣领。

普鲁士的衰败

用一名历史学家的话来概括，普鲁士德国就是一支贴上国家标签的军队。普鲁士军事力量的声誉始于国王弗里德里希一世（1740 ~ 1786 年，他又常常被称为"弗里德里希大帝"）统治时期，他充分利用了他的父亲在几次与普鲁士邻国的战争中成功建立起来的军队。在与丹麦（1864 年）、奥地利（1866 年）和法国（1870 年）的战争后，德国成为一个统一的国家，普鲁士霍亨索伦王朝的皇帝成为这个国家的首脑。1888 年威廉二世（上图右边，他是英国维多利亚女王的外孙）在他父亲的短暂统治后，成为德国的皇帝。威廉是一个强硬的军事家，通过招募建立了一支强大的常备军，并且大大扩充了德国的海军。1914 年，威廉发动了与法国、英国和其他协约国的战争。尽管德国军队极其优秀，例如，他们装备了著名的武器制造商——克虏伯公司生产的最先进的加农炮，但是德国还是在 1918 年发出了和平的请愿。威廉宣布退位，之后他被流放到荷兰，并于 1941 年死于荷兰。

打猎刀

欧洲的猎手们长期以来都使用这种刀来杀死野猪。但是 19 世纪时，许多打猎的刀开始被用于礼仪。这把德国刀，是由著名的 WKC（韦尔斯堡的金斯鲍姆公司）的索林根厂制造的，属于皇帝威廉二世所有，佩戴在他的军衣上。

暹罗国王的剑

1898 年，维克金森公司为暹罗（现在的泰国）的国王朱拉隆功（1853 ~ 1910 年）制造了这把漂亮的礼仪剑。它的剑柄是纯银的，带有一个象牙握手，稍微弯曲的剑刃有 81 厘米长。这把剑的装饰品包括一个银制的刀柄圆头和暹罗皇族的一件防护军衣。

英国 1897 式刀

这把 19 世纪 90 年代晚期的不同寻常的骑兵军官刀仿造了镰刀形的舍特勒刀（埃塞俄比亚的传统刀）。

仪仗剑

正装剑，像这里展示的这把美国正装剑，是由美国的互济会、哥伦布骑士团，以及伟大的共和国军队（一个联邦老兵协会）等组织的成员所持有。

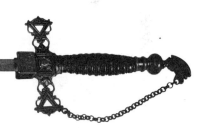

1866 式后膛步枪长剑刺刀

这把后膛步枪长剑刺刀制造于夏特勒罗尔工厂，这种刺刀最初的成品是为了配合同时代的使用栓式枪机的来复枪。这种刀的刀刃是手工锻造的，后膛步枪长剑刺刀一直使用到 1916 年。这把刀的带有棱纹的铜制把手上有一个弯曲的护手钩。

胡椒盒子手枪和德里格手枪

在萨默尔·柯尔特的左轮手枪获得广泛的追随者之前，最为流行的多发手枪是胡椒盒子手枪。与左轮手枪从一个围绕着单一枪管旋转的圆筒中装弹的方式不同，胡椒盒子手枪有多个旋转的枪管（常常有4个至6个）。大约在同一时代，一种被称为德里格的、做工简洁却威力十足的手枪也开始流行开来。与此同时，全世界的枪械工匠们开始制造适合本地要求的手枪，像用于英国统治下的印度地区的"象轿"手枪，和由当地枪械工匠制造的在达拉地区（19世纪印度和阿富汗的边境）使用的手枪。

胡椒盒子手枪

胡椒盒子手枪是马萨诸塞州枪械工匠伊桑·艾伦（1806～1871年，他与同时代同名的革命战争英雄伊桑·艾伦没有任何关系）制造的，他在1837年获得这件武器的专利（一些资料说是1834年）。胡椒盒子手枪最早制造于马萨诸塞州的格拉夫顿，然后是康涅狄格州的诺里奇，最后是马萨诸塞州的伍斯特。伊桑·艾伦大部分时间都是与他姐夫名下的特伯纳·艾伦公司进行合作。这件武器据说得名于这样一个事实：撞击式雷帽系统有时会发生意外，所有的枪管突然一起

射击，"像胡椒粉一样洒向"它前面的任何物体（或任何人）。

胡椒盒子手枪能够快速地射击，这要归功于它的双枪机射击系统——一个长扳机通过压力将枪管旋入指定位置，然后进行射击，之后通过下一个扳机压力，立刻准备好进行下一次射击。在《苦行记》（马克·吐温最畅销的一本西部冒险小说）中，作者列举了公共马车夫使用这种武器的经历："'如果她（这把枪）没有射到她所瞄准的东西，她就会击中某些别的东西。'她确实是这样。她想射击钉在树上的两把铲子，但却射中了站在距离铲子50码以外的一头骡子。"

胡椒盒子最终成为不断风行的左轮手枪的牺牲品。到19世纪60年

艾伦&特伯纳公司手枪

一把经典的艾伦&特伯纳公司制造的胡椒盒子手枪。这把6弹装的、9.14毫米口径的手枪制造于1857年后的某个时间。艾伦&特伯纳公司制造的枪械由于优质的结构而享有盛名，例如，它的一根枪管就是由单独的一块钢材制成的。

代中期时，艾伦＆特伯纳公司不再生产这种武器。

德里格手枪

"德里格"是一个对于各种出现在19世纪30年代的包罗万象的小型、短管、容易隐藏的手枪的称呼术语。这个名字来自于佛罗里达的一个枪械工匠亨利·德里格（1786～1878 年）。通常火器史学家将由德里格本人制造的这种武器称为"德里格"（deringer），而那些模仿者制造的这种手枪则被称为"德林格"（derringers）。起初的德里格手枪是单发，前膛装弹，带有撞击式雷帽，通常为 10.41 毫米口径的手枪，它的枪管较短，只有 38 厘米长。演员约翰·维克斯·布斯就是使用这种武器在 1865 年 4 月 15 日，星期六的晚上，在华盛顿的福特剧院暗杀了总统亚伯拉罕·林肯。

后来包括柯尔默特和雷明顿在内的许多枪械制造商都开始制造这种武器。这些手枪通常发射带壳子弹，有上下构造的双枪管。"德林格"手枪作为个人防身武器，有广泛的吸引力，因为它有强大的"火力"（至少是在封闭的牧场）。这种手枪能够不引人注意地装在衣袋里，或者插在一个女士的吊带袜里。

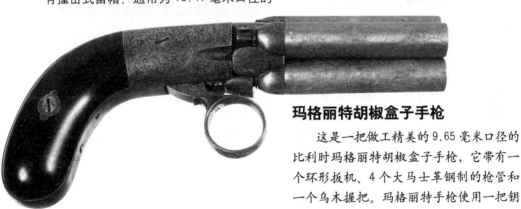

玛格丽特胡椒盒子手枪

这是一把做工精美的 9.65 毫米口径的比利时玛格丽特胡椒盒子手枪，它带有一个环形扳机、4 个大马士革钢制的枪管和一个乌木握把。玛格丽特手枪使用一把钥匙拆卸装在架上的所有枪管。

法国胡椒盒子手枪

这是一把大约 1840 年左右的法国胡椒盒子手枪。与玛格丽特手枪一样，它的做工也很精美，并且镶刻着大量金银饰品。

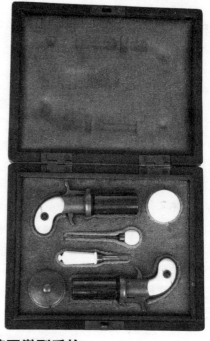

带有手枪隔室的女士枪盒

德林格手枪的小巧使得它成为一种流行的妇女（无论她们以19世纪的标准来看，是否"值得尊敬"）防身武器。这个由伦敦林根特大街的舍尔斯塔夫制造的旅行盒，有一个用于放化妆品的小盘，一个用于装钱的藏室和一个可以装下2把11.17毫米口径、单发枪栓、3号德林格手枪的隐藏的抽屉。这把3号手枪制造于1875年到1912年之间。

英国微型手枪

英国枪械工匠约翰·梅科克制造了这套盒装微型胡椒盒子手枪。这把6弹装的、2毫米口径的手枪特点是带有一根2.5厘米长的蓝色钢制枪管，一块象牙握把和黄铜枪身。这个桃木盒子里也装有一个象牙子弹盒、一个象牙把手的改锥、一根清洁棒和一个装有润滑油的黄铜长颈瓶。这些小手枪都是单发的（也就是说，每一根枪管都必须用手旋动到位），因为双枪机装置不可能装入这么小型的武器中。

雷明顿手枪

虽然也许这不是严格意义上的德林格手枪，但是制造于1871年到1888年的雷明顿步行者弹仓手枪，符合德林顿手枪简约小巧的标准（它有一根7.6厘米长的枪管），而且它需要发射8.12毫米口径的子弹。它也使用了一种不同寻常的连发装置，在枪管下面的管状弹仓中有5发子弹。

象轿手枪

　　这把不同寻常类型的 19 世纪手枪是印度的英国军官和殖民地官员使用的"象轿"手枪。象轿是一个装在大象背上的平台，大象在印度次大陆的农村地区是一种打猎出游或者行政巡回的普遍的交通工具。骑象人需要一件强有力的武器来抵御老虎的袭击，因此英国的枪械工匠门生产了大口径的手枪（通常有 12.7 毫米口径，比如这里展示的这把手枪，还有 15.24 毫米口径的），这种大口径的手枪常常有双枪管，可以让射击者如果第一次未击中目标时，进行第 2 次射击。

转管手枪

　　德林格手枪的前身是转管手枪，它有 2 根前膛装弹的枪管。枪管（正如它的枪名所暗示）可以旋开和拧上，这就使得射击者可以以相对快的速度接连发射 2 发子弹。这里展示的这把撞击式雷帽手枪，制造于英国，其特点是有一个隐藏的扳机。

英国的德林格手枪

　　这对 5.58 毫米口径的双枪管撞击式雷帽德林格手枪是由哈特威尔＆斯通公司的工厂制造的。

柯尔特的左轮手枪

虽然萨缪尔·柯尔特并没有发明左轮手枪，但是他的名字现在和这种武器是同义的。这出于好几个原因：第一，虽然柯尔特在 1835 ～ 1836 年获得专利的枪械技术并非具有创新意义的巨大飞跃，这些技术还是促使左轮手枪成为一种适于军用和民用的实用武器。第二，虽然柯尔特花费了许多年才使他的左轮手枪为人们广泛接受，但是他的经销能力最终使得柯尔特左轮手枪成为同类手枪中的佼佼者。最后，柯尔特对于武器发展史的意义不仅仅是手枪的样式对其他手枪造成了影响：他位于康涅狄格州的哈特福德工厂，是第一个利用工业革命中的技术进行生产的（使用可以交换零件的大生产）工厂，并且将这些零件大规模地引入枪械制造中。

左轮手枪的发展

连发火器（它可以从一个围绕单个枪管旋转的弹筒中连续发射子弹，这与胡椒盒子手枪的系统正好相反）的想法在 19 世纪早期是新颖的。早在 17 世纪早期英国就制造出了燧发左轮手枪。这些早期左轮手枪的毛病是每个弹筒的枪室都需要自己的击发槽，有时发射一次就会点燃其他槽内剩余的火药，从而使所有弹筒内的子弹立即发射。

大约在 19 世纪初，一个美国发明家以拉沙·科利尔，制造了一把使用一个击发槽的，更为改良的燧发左轮手枪。其中有几把制造于大约 1810 年后的英国。尽管科利尔左轮手枪取得了一定进步，但是，还是撞击式雷帽（萨缪尔·柯尔特左轮手枪的基本装置，它将弹筒与发射装置连接在一起，消除了用手旋转弹筒的需要）的引入，才使得左轮手枪成为一种真正安全和实用的武器。

柯尔特的左轮手枪由于其威力十足，制作精良，发射可靠性高，而获得很高的声誉。发射的可靠性在很大程度上缘于这种左轮手枪简洁的机械装置。直到 1870 年，所有的柯尔特左轮手枪都是单发的。为了发射子弹，射击者要把枪锤向后拉动，使得弹筒旋转，枪室和枪管成一条直线。然后，使用者只需扣动扳机就可以进行发射了。较之出现于 19 世纪 50 年代早期的双发左轮手枪，这种柯尔特单发左轮手枪需要一个带有更少可拆卸零件的装置。出于同样的原因，柯尔特单发左轮手枪，如果说射击速度较慢的话，那么它的射击则要比其他双发左轮手枪更为准确。然而，一个有经验的使用者可以用他那只没有拿枪的手的手掌迅速地"扇动"枪的击锤来使他的柯尔特手枪进行发射（这是一种可以从无数西部电影和电视节目中看到的技巧）。

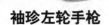

袖珍左轮手枪

这是一把 7.87 毫米口径的、带有八角形枪管的 1849 年的柯尔特"袖珍"
左轮手枪。根据握把上的刻字记载，这把特殊的左轮手枪在 1861 年 5 月由宾
夕法尼亚的布里斯托尔妇女协会赠送给了一位联邦官员，之后很快就爆发了
美国内战。这把枪的使用者在 15 个月后的第二次布尔朗战役中阵亡。这把枪
枪管下面的装置是一把复合撞锤，它被用于将弹丸紧紧地压入每个膛室，这
样在射击时，弹筒和枪管之间就会严密地密封起来。

海军左轮手枪

柯尔特最成功的
一种左轮手枪就是这种 6 弹装的 11.17 毫米口径的"海军"
系列，这种系列的第一把左轮手枪出现于 1851 年。海军柯尔特左
轮手枪并非专门用于海上，而是由于它的枪管上刻有海军的场景而
得名。与其他类型的左轮手枪一样，柯尔特也生产了这种类型的 9.14
毫米口径的更小的袖珍手枪。这里展示的这把"海军袖珍左轮手枪"从起
初的撞击式雷帽射击系统改装成发射 9.14 毫米口径的中发式子弹的武器。带有雷帽
和弹丸的柯尔特左轮手枪，在 19 世纪 70 年代早期柯尔特开始制造使用子弹的手枪
之后，可以送回到哈特福德的工厂进行改装。

"上帝本可能平等地创造所有人，但
是萨缪尔·柯尔特手枪却使得他们真
的实现了平等。"

——蛮荒西部的流行歌词

萨缪尔·柯尔特

萨缪尔·柯尔特1814年出生于康涅狄格州的哈特福德，和大多数伟大的枪械制造家一样，他有几分机械制造的天才：作为一个男孩，他喜欢拆卸和重新组装钟表、火器和其他装置。由于厌烦了在他父亲的纺织厂里的工作，他在15岁时当了学徒水手去出海。正是在航行途中，他构想了他手枪的最初样式。柯尔特的灵感来源具有传奇性，各种各样的灵感要归因于他对船的轮子，或者是对用于拉起船锚的绞盘，或者是对海船的桨轮的观察。更为平常的说法是，他可能曾经在印度见过科利尔燧发左轮手枪，英国军队在印度使用了这种枪。不管怎么说，在柯尔特回到美国之前，他已经用木头刻出了他的左轮手枪的应用模型。

制造枪械，柯尔特需要钱。通过把自己宣传成"柯尔特科学博士"，他成为一名旅行"演说家"。他的专长是对好奇的当地居民展示一氧化二氮（"笑气"）的影响。他使用从这项活动中获得的收入，雇用了两名枪械工匠，安东·蔡斯和约翰·皮尔森，开始试验制造枪械。在1836年获得专利之后，柯尔特在新泽西州的帕特森建立了柯尔特武器制造专利公司来制造这种新的武器。在这之前，他们制造了3把帕特森左轮手枪，然而却找不到什么买主。1842年柯尔特破产了。这个经历和随后遭到几年起诉的经历，将他当时小小的情绪波动变成了决心完全退出枪械制造的失望情绪。柯尔特的意志就和他的信心一样坚定，不出几年，他又令人吃惊地回到这个领域。

一些早期的柯尔特左轮手枪在士兵和边疆开拓者手里发挥了重要作用，包括德克萨斯骑兵巡逻队的萨缪尔·沃克上尉。1844年沃克和他的配备了柯尔特左轮手枪的15名巡逻队员，击退了一支大约80名当地科曼奇族美洲人队伍的进攻。当1846年美墨战争爆发时，沃克（现在已经成为一支军队的军官）

和柯尔特合作设计了一款新样式的左轮手枪。这就是枪型巨大（重2.2千克）、火力十足的10.41毫米口径"沃克·柯尔特左轮手枪"。一张1000把手枪的政府订单使得柯尔特开始转向商业生产。由于他已经没有了自己的制造厂，柯尔特便与小艾·惠特尼（著名发明家艾·惠特尼的儿子）签订合同在康涅狄格州的惠特尼村生产这些枪械。

柯尔特左轮手枪在美墨战争中的成功大大提升了这种武器的形象，当1851年柯尔特在伦敦的万国博览会上展示他的枪械时，这些左轮手枪吸引了大量的国际订单，这些武器也在随后的克里米亚战争（1854～1855年）中证明了它们的价值。到1855年时，柯尔特已经取得了巨大的成功，这使得他成功地在康涅狄格州的哈特福德建造了一座庞大的、技术先进的工厂。很快，这家工厂就成为世界上最大的非国有兵工厂。

柯尔特死于1862年，11年后他的公司制造出最成功的左轮手枪（单发军用和民用左轮手枪）并获得了应用。这种枪有几种口径（包括11.17毫米口径和11.43毫米口径），它们是具有传奇色彩的美国西部的"和事佬"左轮手枪和"六发式"左轮手枪。

新式海军左轮手枪

这把双枪机的柯尔特"新式海军"左轮手枪推出于1892年，并且在整个1908年进行生产，它是柯尔特公司在19世纪80年代晚期到20世纪初期制造的一把典型的左轮手枪。这些手枪与早期的"海军柯尔特"手枪不同，它们实际上被美国海军购买，并且在美西战争期间成为标准的辅助武器。这个时代的柯尔特左轮手枪有几种不同长度的枪管和不同口径的枪膛。这些新式海军武器系列包括9.65毫米口径和10.41毫米口径，这里展示的是一把10.41毫米口径的海军左轮手枪。

新式双枪机左轮手枪

19世纪70年代中期，柯尔特开始制造双枪机手枪，最初制造的是"闪电"手枪。这里展示的这把手枪（它使用了滑动退壳杆来将失效的弹筒从枪膛中退出来）是一把9.65毫米口径用于出口英国的手枪。

来复枪

从在新泽西州的帕特森制造枪械开始，柯尔特制造了卡宾枪、来复枪、短枪，以及手枪。大多数早期的柯尔特长枪（就像这里展示的这把1855年的14.22毫米口径的卡宾枪）使用一个旋转的弹筒，但是后来公司也制造了使用杠杆式枪机与滑动枪机的枪械。虽然柯尔特的长枪在军事和民用方面获得了某些成功，但是这些长枪从没有达到公司制造的手枪的普及程度。在某个历史时刻，来复枪的枪管被缩短了。

柯尔特的竞争者

虽然柯尔特左轮手枪由于专利、销售和性能优越，在枪械领域占据了主导地位，然而，大西洋两岸枪械制造商还是推出了许多样式不同的左轮手枪。这些手枪中的许多可能在克里米亚（1854～1855年）战争，印度战争（1857年印度的"兵变"），以及1861年到1865年美国内战的战场上，经受了战争的考验。在这些战争中，战争双方都使用了异常多的左轮手枪。19世纪50～60年代枪械制造商们围绕着实际和公认的专利权侵犯展开了另一种类型的"内战"。然而，到1870年时，最终的胜利者（无论是双枪机还是单枪机左轮手枪）很明显是发射子弹的左轮手枪。

双枪机 VS 单枪机

在1851年伦敦的大英万国博览会上（萨缪尔·柯尔特骄傲地展示他的左轮手枪的同一个"世界博览会"），英国枪械工匠罗伯特·亚当斯（1809～1870年）展示了一种新型的左轮手枪。亚当斯的"双枪机左轮手枪"在扣动扳机时并不需要单个的压簧杆来压动枪锤，它可以通过拉动扳机来扳好击铁，进行射击。这使得这种左轮手枪要比柯尔特的单发左轮手枪射击速度更快，但是由于射击者施加在扳机上的沉重压力也使得这种枪的射击更加不准确。早期的亚当斯左轮手枪存在各种技术问题，但是以克里米亚战争的实战经验为基础，一种改进的左轮手枪在1855年被引入。

这种类型的左轮手枪（它可以使用单发或双发枪机进行射击）很快就成为英国军队的标准辅助武器，这或多或少将柯尔特左轮手枪赶出了英国市场。虽然在美国内战期间联邦和邦联军队双方都购买并使用了亚当斯的左轮手枪，柯尔特左轮手枪仍然在双方阵营中都占据主导地位。与大规模生产手枪的柯尔特不同，亚当斯左轮手枪是手工制造的，由此也更加昂贵。这种更为简单的柯尔特左轮手枪也更适合于美国恶劣的条件（无论是内战战场还是战后西部边疆的平原和沙漠）。

使用子弹的手枪

对于柯尔特左轮手枪的另一个潜在威胁来自封闭型金属子弹的引入。在19世纪50年代中期，美国人贺瑞斯·史密斯和丹尼尔·威森（他是第一个制造金属子弹和连发来复枪的人），以从柯尔特公司前职员罗林·怀特处购得的枪械为基础，开发出了一种发射缘发式子弹的左轮手枪。根据某些资料记载，怀特首先将他的设计交给了萨缪尔·柯尔特，但是由于柯尔特缺乏深邃的远见，他认为金属子弹没有任何潜力。史密斯＆威森公司在柯尔特的专利到期之后，于1857年开始在市场上销售他们的5.58毫米口径的手枪。

能够迅速装载金属子弹的左轮手枪，与柯尔特和其他类型的左轮手枪所使用的缓慢装载雷帽和弹丸的系统相比，在战斗中的优势是明显的。其中一种8.12毫米口径的左轮手枪在内战期间的联邦军队中获得普遍使用。然而，柯尔特左轮手枪的主导地位还是没有受到严重挑战，这是因为史密斯＆威森公司的生产（无论是手枪还是弹药）并不能满足需求。在这场战争的最后几年，柯尔特左轮手枪确实遇到了一个厉害的竞争对手——1863雷明顿军用左轮手枪。虽然雷明顿左轮手枪仍然是一种使用雷帽和弹丸的武器，但是许多士兵发现它要比柯尔特的同类产品更容易装弹和发射。当史密斯＆威森公司的专利在1872年到期后，柯尔特和其他枪械制造商们迅速涌入发射子弹的左轮手枪这个市场。

炮塔手枪

这把非常罕见的有趣的美国左轮手枪与萨缪尔·柯尔特的第一把手枪大约出现于同一时间。这把"炮塔"手枪或"监视"手枪的专利持有者是纽约的J.W.柯赫兰，而制造者是马萨诸塞州斯普林菲尔德的C.B.艾伦。它有一个10.16毫米口径的、7弹装的、水平方向的弹筒。这件使用撞击式雷帽的武器通过一个装在侧面的枪锤来发射子弹。这种武器可能只制造了5把。

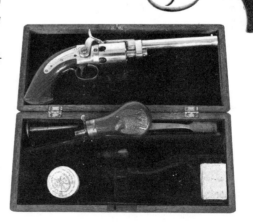

科格斯韦尔的过渡枪

胡椒盒子手枪的主要制造商——伦敦的枪械制造商科格斯韦尔·哈里森公司在19世纪50年代也生产左轮手枪（作为一种"过渡枪"被火器史专家所熟知）。这把单枪机的左轮手枪有6个弹筒，发射11.17毫米口径的子弹。

马萨诸萨兵工厂的盒装套件

在大约1849年到1851年期间，马萨诸萨兵工厂也生产了威森·利维特左轮手枪，例如这里展示的这把带有盒装部件的7.87毫米口径的6弹装左轮手枪。

史密斯＆威森公司

　　贺瑞斯·史密斯（1808～1893年，出生于马萨诸塞州的切希尔）和丹尼尔·威森（1825～1896年，出生于马萨诸塞州的伍斯特）两人都是在年轻时进入枪械制造业的。史密斯是马萨诸萨斯普林菲尔德联邦兵工厂的一个雇员，威森是其长兄埃德温（当时新英格兰的一名顶尖的枪械工匠）的学徒。在19世纪50年代早期，两人合作生产一种能够发射金属子弹的连发步枪时，他们就在康涅狄格州的诺维奇一起进行枪械设计工作。与萨缪尔·柯尔特一样，最初他们的技术创新并没有获得商业成功，他们不得不将公司卖给奥利弗·温彻斯特。但是和柯尔特一样，他们在1854年获得了发射缘发式子弹的左轮手枪的专利，并且在1856年重新建立了他们的公司后成功地生存下来。他们设计的武器在美国内战以及随后的几年里获得的成功（为公司成为21世纪世界上最主要的枪械制造商之

一奠定了基础。虽然史密斯＆威森公司现在也制造自动化武器，但左轮手枪一直是公司的标志性产品，并且在公司创始人死后的很长时间里，他们的创新传统在诸如9.65毫米口径的1910式"军用＆警用"左轮手枪（这种左轮手枪推出于1899年，通过各种各样的改造至今仍在生产，它可能是为执法使用而制造的最为普遍的手枪）等武器中得以维系。1935年制造的9.06毫米口径和1956年制造的11.17毫米口径的马格努姆左轮手枪（深受好莱坞的喜爱，克林特·埃斯特伍德在《肮脏的哈里》中扮演的角色就使用了后一种左轮手枪），1965年制造的15.24毫米口径左轮手枪标志着一个不锈钢手枪时代的来临。

"斯洛克姆"左轮手枪

　　1863年，纽约的布鲁克林武器公司推出了8.12毫米口径的5弹装的左轮手枪——"斯洛克姆"（它是以一名出生于纽约的美国内战时将军的名字命名的）。这种手枪可以从前面装弹，膛室实际上就是一根在一个固定的抛射装置上向前延伸的滑动管。

"雷明顿新军"左轮手枪

　　这把11.17毫米口径的6弹装"新军"左轮手枪也许是美国内战期间（1861～1865年）联邦军队"第二广泛"使用的左轮手枪。纽约的雷明顿兵工厂至少生产了130000把这种左轮手枪。

史密斯＆威森公司制造的左轮手枪

这把6弹装、8.12毫米口径的史密斯＆威森2号左轮
手枪（它在美国内战和西部边疆获得大量应用）与史密斯＆威森
公司制造的其他早期的手枪一样，由于使用了可折叠的装弹和退壳系
统而被称为"折叠"左轮手枪。操动枪闩，释放枪管向上旋动，这样就可
以将弹筒完全从枪身上除去。射击者可以使用枪管下部的长钉状物退出射击
后的弹壳，然后重新装上弹筒，换上新的子弹，枪管向下旋入射击位置。后来的史密
斯＆威森左轮手枪首先开始使用"拆开式"系统，在这个系统中，枪管向下旋动，弹
筒中的一个退壳装置一次性地退出所有射击后的弹壳。

特兰特左轮手枪

在英国的伯明翰兵工厂，英国枪械工匠威廉·
特兰特（1816～1890年）在他长期的职业生涯中制
造出了各种样式的左轮手枪。他的手枪以高质量而享有
盛誉。邦联政府在美国内战中（1861～1865年）大批量地
购买了这种手枪分发给军队，而其他类型的手枪（例如，这里展
示的这种5弹装的13.71毫米口径的手枪）则主要是由英国军官私人购买。这里
展示的这把手枪使用一个双扳机射击系统，底下的扳机用于扳好击铁，上面的扳机
用于发射子弹。虽然特兰特主要制造使用雷帽和弹丸的手枪，但是美国内战后，他也
制造了许多发射子弹的手枪。

艾伦＆惠洛克左轮手枪

另一种早期的令人感兴趣的使用子弹的手枪是由马萨诸塞州
伍斯特的艾伦＆惠洛克公司制造的8.12毫米口径的"唇火"左
轮手枪。这种手枪首次制造于1858年，它们不仅发射特殊的子弹，
而且充分使用了一根杠杆操纵的齿条和齿轮转动抛壳系统。

美国内战

　　美国内战（1861 ～ 1865 年）常常被人们使用大量的理由描述成第一场现代战争。这场战争中引入了诸多发明和创新，诸如摄影、电报、飞机（用于观察敌军的气球）、潜水艇、装甲船、后膛装弹大炮、连发步枪，以及快射枪等等。在大约一个半世纪后，美国内战仍然既是西半球规模最大的战争，又是美洲伤亡最大的一场战争，其总共死亡登记人数估计在 70 万人——这一数字超过了美洲所有其他战争的伤亡人数。虽然据称疾病死亡是战斗死亡人数的 2 倍，但是如此高的伤亡率在很大程度上还是要归因于武器技术的进步。

战术和武器技术

　　美国内战是一个武器技术超越战术的经典案例。起初，双方的统帅都在设想，战争可能会以传统的方式进行——大量的士兵站在空旷的陆地上进行战斗，双方步兵相互射击，并使用密集射击，炮兵支援，骑兵突破的战术。

　　这些战术在 18 世纪和拿破仑战争中发挥了重大作用，当时军队使用的是射击根本不准确、射程最短的滑膛步枪。然而，美国内战前的几年，步兵武器却发生了一场革命。旧的滑膛步枪开始被来复枪（或来复步枪，这一点也是人所共知的）所取代，并成为战争双方的标准的步兵武器。这些来复枪发射较重的铅制子弹（通常为14.73毫米口径），有效射程达到0.45千米。这些来复枪虽然仍然属于前膛枪，但是它们却使用了一种新型的子弹——米尼弹头（以法国军官克劳德·米尼的名字命名，他在1847年发明了这种子弹）。米尼弹头增强了射击性能，非常适合于来复枪枪管的凹槽，从而大大增加了射击的准确性。

当这些发明创新被用于战争，并对战争中的伤亡产生影响时，其结果是令人恐怖的。如果没有被这种武器（来复枪）直接杀死的话，一名被击中腹部的士兵也会死于感染（考虑到那个时代落后的医疗条件）。如果被击中四肢的话，通常的结果只能是截肢。而脑部中弹通常就会立即致命。

来复枪的引入使得战争的优势从战场上的进攻一方转向防御一方。使用来复枪的士兵们挖掘战壕或躲在掩体后面，每分钟射出几发子弹，与地面进攻相比，这样就可以很容易地杀死几倍的敌人。

南部邦联的统帅，特别是罗伯特·E.李，比他的联邦军队的对手们更为迅速地理解到战争的规则已经发生了变化。然而，罗伯特·E.李也犯过错误，在半岛战役中的莫尔文山战斗（1862年7月1日）以及一年后盖茨堡战役中的"皮克特冲锋"中，他竟然让步兵军队跨越空旷的地面去进攻敌人的固定阵地。他在盖茨堡战役中的错误估计注定了邦联最终的失败。

试验和创新

美国内战中也引入了那个时代的高精尖技术武器。由于骑兵在马上实际上不可能使用前膛装弹武器，联邦军队的骑兵配备了诸如斯宾塞后膛枪、夏普斯后膛枪、卡宾枪那样的后膛装弹武器进行战斗。尤其有效力的是斯宾塞连发卡宾枪，它有一个装有7发子弹的弹匣。邦联军队的士兵称"这种该死的北方佬使用的枪可以在星期日装上子弹后，整个星期都进行射击"。由于邦联在很大程度上不能生产类似的武器，因此缴获的后膛枪和连发枪往往得到邦联士兵的珍爱。

南北双方军队也将神枪手营队投入了后来被称为"狙击"的战斗。这些神枪手营队中最出名的是由海勒姆·柏丹（1823～1893年）统领的联邦军柏丹神射手团。早在这之前，作为一名民间标靶射击冠军，柏丹就已经很出名了。"神射手"一词可能源于他们使用的夏普斯后膛枪。而邦联的狙击手们倾向于使用英国设计的惠特沃思来复枪。

虽然这个时代的技术并不足以让现代意义的机枪出现，但是双方军队都试制了用手操作的快射武器。在半岛战役中，邦联军队很明显使用了曲柄操作原理的轻型加农炮，而联邦军队则使用了多管发射枪弹的武器（管风琴枪，主要用于保卫桥梁和其他阵地）。这些武器中最为出名的是格特林机枪，虽然它只是在战争后期才开始有限地使用。

美国内战中联邦军队的武器

就武器生产而言，联邦军队要比邦联军队更为幸运；北方各州不仅拥有大多数国有兵工厂，而且这些地区的工业化也要比南方更加深入。虽然联邦和邦联一样，在战争初期都不得不争夺武器来装备他们的军队，但是到 1862 年时，联邦选择了几种标准化的武器，并与私人武器公司签订合同进行生产。到 1864 年时，联邦在武器生产方面已能够自给自足，而邦联的许多枪械仍然要依靠进口。

斯普林菲尔德来复步枪

最接近联邦步枪的标准长枪是斯普林菲尔德来复步枪。这种武器得名于联邦政府位于马萨诸塞州斯普林菲尔德的兵工厂。这个兵工厂建于 1794 年，制造了许多这种来复枪（虽然战争期间，30 家公司根据合约也生产了大约 150 万把斯普林菲尔德来复步枪）。这种枪中最为普遍的型号是 1861 式来复枪，但是第一把 12.95 毫米口径的斯普林菲尔德系列出现于 19 世纪 40 年代。当时美国军队已经开始使用撞击式雷帽枪（这些枪在 1855 年后也装上了来复枪枪管）取代 17.52 毫米口径的燧发步枪。来复枪比之前的滑膛枪射击准确性更高是由于它们引入了梯形的后瞄准具，并且装上了长刺刀。这种枪重量较沉（4.2 千克），总长约 147 厘米（这包括枪上刺刀的长度）。

斯普林菲尔德枪也得到邦联军队的广泛使用，其中一些枪是弗吉尼亚州哈珀渡口的联邦兵工厂落入斯通威尔·杰克逊的军队之手时（1862 年安蒂特姆战役达到高潮时）缴获的，许多其他的这种枪是在清扫战场时获得的。

卡宾枪和手枪

联邦军队很幸运地能够充分使用克里斯蒂安·夏普斯、柯里斯托弗·斯宾塞和本杰明·泰勒·亨利等枪械制造商设计的枪械，他们制造出创新的后膛装弹的来

萨维奇－诺斯左轮手枪

这把 1859 "海军型"左轮（6 弹装）是由康涅狄格州米德尔敦的萨维奇左轮武器公司制造的，它有一个不同寻常的射击系统。扳机护弓圈围起来的不是 1 个而是 2 个扳机：下面那个环形扳机可以使弹筒旋转，并且击打枪锤，而上面那个传统的扳机则用于射击。虽然这种武器被设计成"海军"左轮手枪，但是联邦海军只购买了大约 1000 把，而联邦陆军购买的数量则 10 倍于海军。

复枪和卡宾枪（斯宾塞和亨利则制造出了连发枪）。然而，军械部从没有大批量地向军队分发这些武器；许多武器是由州政府购买分发给他们的军队，或者是由士兵个人购买的。在一些历史学家看来，如果联邦在采纳使用这些武器方面不那么保守的话，它有可能更快地击败邦联。

就联邦军队使用的手枪而言，它们也是一部分由政府发放，另一部分由私人购买的武器。这把 11.17 毫米口径的 1860 式手枪可能是联邦军官中最为流行的一种左轮手枪，但是在联邦军队中还有各种样式的左轮手枪在使用，包括斯塔尔左轮手枪（也是 11.17 毫米口径）、英国制造的亚当斯左轮手枪和 9.14 毫米口径的萨维奇—诺斯"海军"型左轮手枪。

格特林枪

1861 年的最初的格特林枪有 6 根枪管，一个漏斗形容器里装有纸板子弹。后来的格特林枪使用金属子弹，这大大增加了射击的速度。内战后的格特林枪（就像这里展示的这把）有 10 根枪管，并且使用了弹鼓。格特林枪常常被列举为世界上第一把机枪，但是这是一个不准确的描述，因为这种枪是用手操作的，而不是通过后坐反作用力或火药燃气来推动的。

理查德·格特林

具有讽刺意义的是，格特林枪（这种枪第一次发挥重大作用是在 1864 年联邦军队进攻匹茨堡时）的发明者——理查德·格特林（1818～1903 年），是一个出生于北卡罗来纳州的人，（根据某些历史学家的观点）并且是一个同情邦联的分子。另一件具有讽刺意义的事情是，格特林（他是一位受过训练的医生）声称他发明这种武器（又被认为是第一把成功的快射枪）的灵感来自于他渴望减少战争中由于疾病蔓延导致的死亡人数的想法："在我看来，如果我能够发明一种机器——一种枪，这种枪由于射击速度快，使得一个人能够担负上百人在战争中的职责，这在很大程度上，必然可以取代庞大的军队，因此，参加战争和战争中受到疾病折磨的人数量（可能）就会大大减少"。在 1861 年，格特林设计了一款多枪管的、使用手摇曲柄的枪，一年后他向美国军械局展示了这种枪。由于过于复杂和笨重，这种枪在 1862 年被放弃，直到 1866 年内战结束后，它才被官方所重新采用。然而，和上面的武器一样，内战中一些军官也是个人购买了格特林枪，并且使其一直服役到战争结束。在后来的几十年里，英国皇家海军使用了在格特林枪的基础上改装的枪。在美西战争（1898 年）期间，美国军队在古巴使用了格特林枪，并获得了很好的效果。第二次世界大战后，美国军方在电子操控的方式下，重新提出了多枪管的格特林枪的概念，例如，M1961 弗尔康 20 毫米加农炮和 7.62 毫米的"微型"机枪。

美国内战中邦联的武器

　　"南方佬"和"北方佬"——美国内战中（1861～1865年）的普通步兵们都必然持有相同的武器——通常是14.73毫米口径或14.65毫米口径的前膛装弹的来复步枪。北方的生产车间和工厂为北方军队提供了相对充分的武器（尽管战争中还是存在短缺），而南方由于缺乏工业，不得不从欧洲进口大量的武器，随着战争的进行，以及联邦海军封锁了南部的港口，切断了邦联武器来源渠道，这一形势变得越来越恶化。

从起点开始

　　在战争早期，南方军队武器严重的缺乏迫使许多邦联士兵用短手枪和家里带来的打猎步枪装备自己。

　　当代历史学家安德鲁·莱奇写道："当阿拉巴马第27团出发参战时，据说士兵们持有的是1000把双管短手枪和1000把自制的鲍威猎刀。"随后一些武器开始从海外运入，1861年邦联军队占领了弗吉尼亚哈珀渡口的联邦兵工厂之后，这一形势才稍微得到改善。一些从哈珀渡口兵工厂缴获的机器被用来在整个南部建造武器制造厂，然而这些小的制造厂只能生产一小部分来复枪、大炮零件和邦联需要的其他武器。

进口和仿造的枪

　　邦联军队使用的最接近标准步兵武器的枪是英国制造的14.65毫米口径的恩菲尔德来复步枪。尽管名字是恩菲尔德，但是这种恩菲尔德步枪实际上并不是在英格兰恩菲尔德的皇家兵工厂制造的，这是因为在美国内战期间大英帝国官方上保持

中立。然而，英国私人武器制造商却在恩菲尔德生产步枪用于出口。邦联政府在战争期间购买了大约400000件恩菲尔德步

杰弗逊·戴维斯

　　与亚伯拉罕·林肯不同（林肯唯一的军事经历是在伊利诺伊州民兵中的一段短暂时光），杰弗逊·戴维斯1861年2月担任美国邦联各洲总统之前，作为一名职业士兵在军队中服役过多年。戴维斯1808年出生于肯塔基州，毕业于西点军校，并且在1835年退伍之前在边疆服役。他后来在美墨战争中（1846～1848年）带着声望参加战斗并负伤。在作为富兰克林·皮尔斯总统内阁的战争部长进入政坛后，他完成了诸如采用来复步枪这样的重大军事改革。当战争爆发时，戴维斯还是一名来自密西西比州的美国参议员，1865年春天邦联失败后他被监禁了2年，1889年死于路易斯安那州。

枪，这种步枪在联邦军队中也得到广泛应用。除了恩菲尔德步枪以外，邦联政府还从奥地利购买了大约50000件1854型德国步枪（步兵来复枪）。

在整个战争过程中，邦联的骑兵缺乏像联邦骑兵使用的夏普斯卡宾枪那样的有效力的后膛装弹步枪。邦联的枪械工匠们尝试着仿造夏普斯卡宾枪，但是结果（所谓的"里士满夏普斯"卡宾枪，得名于它的制造地－邦联的首都里士满）是这些仿造卡宾枪的性能极差，以至于邦联的罗伯特 E．李将军将它描绘成"缺陷极大，以至于会伤害到自己人"。邦联只生产了大约5000件这种仿造卡宾枪。

自制的刀具

邦联士兵私人持有这些原始的小刀，它们可能是由士兵自己从锯刀或农具刀改制而成的。这种样式以及类似样式的南方小刀是受到著名的鲍威猎刀（由边疆居民吉姆和瑞森波伊在19世纪30年代推广的一种长刀）的启发。

利马特手枪

利马特手枪，是邦联军官最喜爱的辅助武器，它有2根枪管：上面那根枪管通过9弹装的弹筒发射10.16毫米口径的子弹，下面那根枪管只发射一枚鹿弹。这种威力十足的手枪，是左轮手枪和短枪的复合物，它最早是由一位出生于法国的医生让·亚历山大·富兰索瓦·利马特在1856年首次制造的，后来当内战爆发后，他将生产转移到欧洲。

杰弗逊·戴维斯的手枪

这套华丽的盒装手枪1861年制造于比利时，用于馈赠给新任命的美国邦联各州总统。这套枪的特点是有大马士革钢的枪管，带四槽的、象牙雕刻成的握柄，雕刻有黄金的枪身和其他部件。然而，戴维斯从没有享受过这件礼物，这是因为，载着这件礼物驶往邦联的船，在试图躲过联邦的封锁时，被联邦军队俘获。

美国西部的武器

历史上没有哪个时代要比 19 世纪美国西部的定居时代更加广泛地使用枪械。"荒蛮西部"这个词立刻让人在脑海中浮现牛仔、罪犯和使用"6 弹枪"的警官的形象；农场守卫者和猎杀野牛的猎人使用的是杠杆式枪机和高推动力单发来复枪；骑兵们使用卡宾枪和左轮手枪来对抗土著美洲人的弓箭和长毛。无数的书籍和电影使这一时代在大众的印象中成为一个罗曼蒂克的时代，然而罗曼蒂克这个词并非总是这么准确，事实是，在边疆人们手上有无一把可靠的枪（或两把，三把枪）常常意味着生与死之间的差异。

跨越山区

19 世纪初，边疆正好要穿过阿巴拉契亚山脉；来自东海岸各州的西进运动的拓荒者们随身携带着他们的肯塔基长枪，既是为了捕获食用的猎物，又是为了和抵制西进移民大潮的土著人进行战斗。当 1803 年的"路易斯购买"使边疆开拓者们推进到落基山脉及其以外的地区时，具有传奇色彩的"山区人"常常携带着由圣路易斯萨缪尔和雅库布·豪肯兄弟公司制造的大口径来复枪，进入西部的荒蛮地区寻找毛皮。

1850 年，在美国内战的前夕，西部的堪萨斯州成为来自北方反对奴隶制的定居者和来自南部支持奴隶制的定居者们的战场，双方都希望在申请这块土地的州的地位（蓄奴州还是废奴州）时，获得绝对的优势。许多北方的定居者携带着一种新型的、技术先进的武器——由克里斯蒂安·夏普斯（1811 ～ 1874 年）在 1848 年设计的卡宾枪。这种后膛装弹的夏普斯卡宾枪有一个落下式枪机，一根杠杆（它又充当扳机护弓）用于降低后膛闭锁块来装弹。以夏普枪的样式为基础的来复枪和卡宾枪在西部一直流行了几十年。

在边疆

起初的夏普斯卡宾枪是一种单发武器，但是 1860 年柯里斯托弗·斯宾塞（1833 ～ 1922 年）推出的落下式闭锁来复枪（枪管下方带有一个 7 弹装的弹匣），是一种真正的连发枪，在西部获得了广泛地使用。大约在同一时间，温彻斯特连发武器公司也正在开发一种使用杠杆式枪机弹匣的来复枪，并在 1866 年引入市场；而这种枪的后继者——1873 型来复枪，也非常流行，而且常常被称为"夺取西部的枪"。从内战结束直到 1890 年"边疆的终结"，美国军队的主要任务就是与土著人进行战斗。虽然连发武器在内战中证明了它的价值，美国军队还是剩有许多从内战中残留的斯普林菲尔德前膛枪，他们和印第安人的作战主要使用"后门"斯普林菲尔德步枪——之所以如此称呼是因为这些枪已经被改装成单发后膛枪。

另一种类型的西部武器是猎杀野牛的职业猎手使用的高推力的来复枪（常常为 12.7 毫米口径）。猎杀野牛是为了获取它的毛皮，防止它们阻塞铁路设施，或者只是一种体育活动。野牛（成千上万的野牛群曾经在西部平原上游荡）到 18 世纪中期时已经接近灭绝。

至于手枪，各方（执法的，合法的，违法的人）都使用了各种样式的手枪，但是柯尔特手枪（尤其是 1873 单枪机军用型手枪）最受人们喜爱。

温彻斯特 M1866 型马克西米连来复枪

这把 1866 型来复枪是由温彻斯特武器公司制造的，作为赠送给西班牙任命的墨西哥统治者马克西米连的礼物。这把马克西米连的来复枪有一个象牙枪托，镀金的闭锁装置，并且枪身上刻有一只墨西哥鹰。

奥利弗·温彻斯特

奥利弗·费舍尔·温彻斯特，1810 年出生于波士顿，他所发的第一笔财，是作为一名纽黑文州纽约城巴尔的摩的男性衬衣制造商时取得的。在他的服装业兴盛之时，他投资沃凯尼克连发武器公司，并在 1856 年控制了这家公司，将其改名为纽黑文武器公司，后来又改称温彻斯特连发武器公司。沃凯尼克连发武器公司曾经生产了短期流行的连发来复枪，后来温彻斯特雇用了枪械工匠，本杰明·泰勒·亨利（1821～1898 年）对这种枪重新进行了精致地改造。最终在 1860 年生产出了所谓的亨利来复枪（一种使用杠杆式枪机的连发枪）。虽然联邦军队官方从没有接受这种枪，但是这种枪确实曾经在美国内战（1861～1865 年）中服役。内战后，温彻斯特相继推出了 1866 型、1873 型和其他后续型号的来复枪。

温彻斯特也是一名政客，1866 年到 1867 年担任康涅狄格州的副州长。奥利弗·温彻斯特死于 1881 年，他的儿子威廉·温彻斯特随后掌控了公司。威廉死于 1882 年，但是公司继续向前发展，成为美国最大的武器制造商之一，并为运动器材市场生产了样式广泛的来复枪和短枪。有关温彻斯特书中，一个令人好奇的脚注中透露说，威廉的遗孀莎拉·帕蒂·温彻斯特据说被一个巫师告知，她必须要为那些被温彻斯特武器杀死的人们的灵魂建一个家，否则温彻斯特家族可能会永远受到诅咒。这件事是否属实至今仍存在争论，但是 1884 年莎拉搬到了加利福尼亚州的圣荷塞，她在那买了一栋规模适中的房子，之后她花费巨大的成本进行扩建，一直到 1922 年她过世。此时，这个居所已经有 160 个房间，还有许多稀奇古怪的特点，像无处不在的楼梯和装在墙上的门。温彻斯特"神秘的房子"现在是一个主要的旅游胜地。

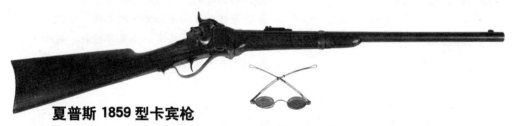

温彻斯特 73 型来复枪

　　1873 年温彻斯特生产了 1866 型的改进型来复枪，它的膛室里装有一种新型的、中发式 11.17 毫米口径的子弹。这种"温彻斯特 73 型"成为最著名的温彻斯特来复枪，以及这一时代西部最有名的枪械之一。这里展示的这把枪的所有者是威尔士王子阿尔伯特·爱德华，即后来的国王爱德华七世（1841～1910 年）。它那嵌入枪托中的银质奖章上刻有包括印度之星在内的帝国的象征物。这种来复枪被伦敦军械公司的枪械工匠詹姆斯·凯尔制造成蓝色的。

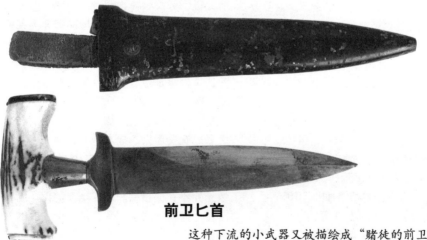

夏普斯 1859 型卡宾枪

　　这种使用转动式闭锁块枪机的卡宾枪和来复枪是由克里斯托弗·夏普斯（1811～1874 年）设计的，它们受到猎手、农场守卫者和其他西部居民的极大欢迎。这里展示的是 1859 夏普斯新型卡宾枪，它配有一副用于阻挡强光的"夏普斯射手眼镜"。也许最为著名的夏普斯枪械是猎手们广泛使用的，猎杀野牛的 12.7 毫米口径来复枪（又被称为"大 50"）。这种武器据说能够在 183 米开外一枪击倒一头野牛。

前卫匕首

　　这种下流的小武器又被描绘成"赌徒的前卫匕首"，制造于 1870 年左右的圣弗朗西斯科。它可能只是在解决玩牌时第 5 个 ACE 如何出现的分歧时才会派上用场。它有一个骨制的握把和一片 12.5 厘米长的刀刃。

伊莱佛利·雷明顿

伊莱佛利·雷明顿，1793 年出生于康涅狄格州。和许多那个时代的新英格兰人一样，他搬到了纽约，在那，他和他的父亲一起成为枪械工匠。在 20 世纪早期，他下定决心要制造出比那些可以购买到的枪性能更好的枪。他最终制造出的枪给使用者们留下了深刻的印象，这样伊莱佛利·雷明顿开始全身心地从事专职的枪械制造，并在纽约的伊林建立了雷明顿父子公司（后来的雷明顿武器公司）。雷明顿死于 1861 年，此时，他的小工厂已经开始成为美国最主要的枪械制造商（和温彻斯特公司的地位一样），并且一直延续至今。虽然现在的雷明顿公司的产品琳琅满目，从打字机到自行车，但是据说它仍然是其老本行（枪械制造）中最古老的公司。

亚当斯左轮手枪

这种由英国枪械工匠罗伯特·亚当斯（1809～1870 年）制造的左轮手枪是美国内战和西部边疆时代柯尔特手枪的有力竞争者。这种左轮手枪，有双枪机，射击速度更快。但是柯尔特手枪通常射击更为准确，威力更强。做工精致的亚当斯手枪价格更加昂贵。美国第七骑兵队（这支军队在 1876 年著名的小巨角战役中被苏族人和夏安族人消灭）的上校乔治·阿姆斯通·卡斯特据说就持有类似于这里展示的亚当斯手枪，虽然在那场毁灭性的战争中，卡斯特丧命时使用的是一对斯克菲尔德左轮手枪。

雷明顿来复枪

这把 19 世纪 60 年代或 70 年代生产的、单发的、使用转动式闭锁的雷明顿来复枪，构造极为粗糙。在美国，这种枪至今依然主要是一种民间武器，虽然美国陆军和海军也购买了少量的这种类型的卡宾枪和来复枪。然而，雷明顿公司却售出了成千上万件这种武器给外国政府，它们中的一些直到 20 世纪仍然在服役。

使用栓式枪机和弹匣的来复枪

使用栓式枪机和弹匣装弹的来复枪，发射大口径和高火力的，完全封闭的金属子弹。在从 19 世纪 60 年代到第二次世界大战，大约 75 年的时间里，它是主要的现代步兵武器。在第二次世界大战时，这种武器被自动步枪以及后来的可以选择射击模式的步枪所取代。这种简洁，结实，可靠的来复枪在民间的狩猎和标靶射击中一直使用至 21 世纪。

针枪和夏塞波步枪

虽然美国内战展示了快速射击，后膛装弹的来复枪和卡宾枪的效力，但是强大的普鲁士国家早在 1848 年就已经为他的军队采用了这样的武器。这就是由尼古拉斯·冯·德雷赛 (1787 ～ 1867 年) 开发的所谓的"针枪"。这种 15.4 毫米口径的枪之所以得此名，是因为它使用了针状的撞针来引爆嵌入纸板弹（这种纸板弹由火药填弹条和子弹头组成）中的底火帽。

除了引入设施齐全的子弹外，针枪的另一伟大创新是引入了手动枪栓射击装置。这些改进结合在一起，使得这种枪可以比那个时代使用的前膛装弹的，撞击式雷帽步枪和来复枪的装弹和射击速度更快。这种武器的主要缺点是底火帽的爆炸往往会削弱，最终侵蚀撞针，并且后膛射击时会有大量的推弹气体泄漏。

针枪首次发挥实效是在 1848 年到 1849 年镇压革命群众中，随后在普鲁士与丹麦的战争 (1864 年)，与奥地利的战争 (1866 年)，以及与法国的战争 (1870 ～ 1871 年) 都发挥了重大作用。在普法战争中，使用针枪的普鲁士军队面对的是装备着类似武器的法国陆军。法国军队的这种武器是 1866 年采用的夏塞波步枪，它是以枪的发明者安东尼·夏塞波 (1833 ～ 1905 年) 的名字命名的。这种 11 毫米口径的夏塞波步枪在几个方面要比针枪技术先进，并且射程更远，但是普鲁士在炮兵和战术上的优势抵消了法军的这一优势。

弹匣的引入

针枪和夏塞波步枪的成功使得其他西方国家的军队开始采用栓式枪机来复枪。然而，针枪和夏塞波步枪是单发武器，下一步就是充分利用新式的射击装置，开发出可以装有多发子弹弹匣的武器。例如，1868 年，瑞士军队采用了一种由弗里德里希·维特立 (1822 ～ 1882 年) 开发的来复枪，这种枪是从枪管下面的一个管状弹匣中上膛装子弹。

这种新一代的来复枪大多使用装有 5 发或 5 发以上子弹的固定盒型弹匣或可拆卸的盒型弹匣。这种枪射击时或者是一发发地射击，或者是通过弹夹（弹夹内装有几发子弹，并被从枪的顶部或尾部插入到弹匣内）发射子弹。

1877 年英国陆军采用了它的第一把

使用弹匣栓式枪机的来复枪。1889 年丹麦采用了克拉格－约根森来复枪，这种枪后来又被挪威和美国军队所采用。然而，

最为成功的新型来复枪是德国的威廉与保罗·毛瑟兄弟制造的来复枪。

毛瑟枪

威廉（1834～1882 年）与保罗·毛瑟（1838～1914 年）追随他们父亲的足迹，继续在德意志王国的弗腾堡皇家兵工厂中担任枪械工匠。当新统一的德国在普法战争中努力获得一种改进来复枪以对付法国性能优越的夏塞波步枪时，兄弟二人开发出了单发的、使用栓式枪机的步枪——1871 型陆军通用步枪，德军在 1871 年当年就采用了这种来复枪。威廉死后，保罗在新开发的盒型弹匣的基础上，推出了一种新型的 7 毫米口径的步枪。随后的 1893 型、1894 型、1885 型步枪获得了巨大成功，来自全世界的订单蜂拥而至。虽然毛瑟枪的直拉式枪栓使得它的射击速度不如其他枪（例如，英国的 SMLE 步枪）快，但是它的射击威力却更大，

更为安全和有效力。1898 年毛瑟枪推出了 7.92 毫米口径的 98 型陆军通用步枪。在许多武器史学家看来，这是历史上最优秀的栓式枪机来复枪。这种德国 98 型（G98）步枪在德国军队中一直使用到 20 世纪 30 年代中期，才被更短的 98 式卡宾步枪所取代。第二次世界大战期间，德国的 3 个主要的毛瑟枪制造厂被摧毁。今天，这个公司（属于德国莱茵金属公司所有）主要制造狩猎步枪。然而，几名前毛瑟公司的工程师在战后创建黑克勒－科赫公司（二战后德国最大的武器制造公司）过程中发挥了有益的作用。

卡拉格步枪

这种步枪是由 2 个挪威人——军官奥里·卡拉格和枪械设计师埃里克·约根森在 1880 年开发的。这种卡拉格－约根森步枪由于拥有一个侧挂式"座舱"状的 5 弹装弹匣而不同寻常。卡拉格－约根森步枪在丹麦和挪威军队服役的过程中，先后出现了多种型号和口径。美国军队虽然在 1892 年决定采用"30-40 卡拉格"步枪，然而，直到 10 年后，才有一些卡拉格步枪装备到军队。美西战争（1898 年）期间，西班牙军队使用的性能更优良的毛瑟枪最终使得美国军队在 5 年后开始采用一种毛瑟型步枪（斯普林菲尔德 1903 式）。与此同时，美国军队在菲律宾支持独立的"起义"（这之后美国从西班牙手中占领了菲律宾群岛）过程中，也广泛使用了卡拉格步枪。

"都灵"

1887 年，意大利军队开始装备由炮兵军官 G. 瓦塔利设计的新型使用盒式弹匣、栓式枪机的 1870 式单发步枪。最终，一种 10.4 毫米口径的冯特里－瓦塔利步枪在 19 世纪晚期和 20 世纪初期的意大利非洲殖民地获得广泛的应用。

1888 式陆军通用步枪

由于害怕在步枪技术方面落后于法国，1888 年德国军队建立了一个委员会来推动枪械技术的创新。这最终导致了 1888 式陆军通用步枪的出现（即 7.92 毫米口径的"委员会步枪"），这种枪融合了毛瑟枪和奥地利的曼利彻尔步枪的特点。它的一个与众不同的特点是：它的枪管周围是一个金属枪驳，而不是普通的护木。这被认为是防止枪管快速射击时过热的一种更为有效的手段。

SMLE（李·恩菲尔德短弹匣步枪）

在布尔战争期间（1899 ~ 1902 年），英国军队判定，现代战争形势需要更短的，又能充当卡宾枪的步兵步枪，它可以大大减少后勤提供两种类型的枪部件和弹药的麻烦。最终英国军方在 1907 年推出了 7.69 毫米口径 SMLE（李·恩菲尔德短弹匣步枪），随后它许多型号的步枪一直服役了几乎超过半个世纪的时间。这里展示的这件马克 I 式步枪，带有一把 46 厘米长的剑状刺刀。SMLE 步枪有一个可以容纳 10 发子弹的弹匣，而在同一时代，其他大多数装有弹匣的步枪只能装 5 发子弹。

莫辛步枪

没有几件服役的步枪要比俄国的 7.62 毫米口径的莫辛－纳甘 1891 式步枪有着更长的服役寿命。各种型号的莫辛－纳甘步枪一直服役到 20 世纪 40 年代晚期。在俄国革命之前，许多莫辛－纳甘步枪是由美国制造的，包括这里展示的这把装有长钉形刺刀的、由 19 世纪 90 年代的西屋公司制造的步枪。

各种毛瑟枪

许多国家的武装军队使用的步枪都采用了毛瑟枪的设计样式。根据毛瑟枪制造公司的统计，从19世纪晚期到整个第二次世界大战期间，全世界大约生产了1亿把毛瑟步枪。这里展示的只是许多毛瑟枪类型当中的少数几种类型。

土耳其毛瑟枪

1890年的土耳其毛瑟步枪，它的膛室里装有一种标准稍微不同的7.65毫米口径的子弹。

波斯毛瑟枪

一把装有刺刀的8毫米口径的波斯（后来的伊朗）军用毛瑟枪。这种枪许多都是由捷克斯洛伐克布尔诺武器工厂制造的。

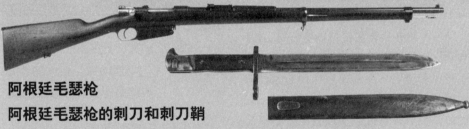

阿根廷毛瑟枪
阿根廷毛瑟枪的刺刀和刺刀鞘

1891年，阿根廷军队用这里展示的这种7.55毫米口径的毛瑟枪取代了其陈旧的、10.92毫米口径的、使用雷明顿转动式闭锁枪机的步枪。

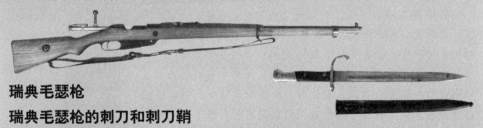

瑞典毛瑟枪
瑞典毛瑟枪的刺刀和刺刀鞘

瑞典虽然在1893年采用了毛瑟枪，但是，它的毛瑟枪膛室只能装6.55毫米口径的子弹（根据那个时代的军用步枪的标准，这是一种小型子弹）。虽然瑞典的毛瑟枪制造于德国，但是瑞典人坚持制造这些毛瑟枪必须使用瑞典的钢材。

自动手枪

与机枪相比，自动手枪被认为没有受到足够的重视。19 世纪 80 年代在海勒姆·马克西姆设想出如何使用枪的后座装弹，发射，退弹，重装子弹之后，几个国家的枪械设计师们开始致力于将这一系统按比例缩小至手枪的水平。严格意义上来说，自动手枪实际上就是半自动武器，因为每拉动一下扳机，就会发射一次，但是不能像机枪那样连续射击（虽然完全自动的手枪也已经得到开发）。早期的自动手枪有一些小的缺点，特别是弹匣的大小，但是随后的枪械设计者们（例如约翰·勃朗宁）使得这种武器变得极具效力。

博查特手枪、伯格曼手枪和鲁格尔手枪

第一把成功的自动手枪是由一个出生于德国的美国发明家雨果·博查特(1844 ~ 1924 年，他曾经为包括柯尔特和温切斯特在内的几家著名枪械制造公司工作)制造出来的。1893 年博查特设计了一把手枪，它使用马克西姆后作用力原理向后推动肘节闭锁，向前推动退出射击完后的弹壳，并且可以通过握把中的弹匣把新的子弹装入手枪的膛室。据说，博查特手枪的样式是受到了人类膝盖运动原理的启发。博查特在美国没有找到这种手枪的买主，因此他来到了德国。在德国，路德维格·洛伊公司曾经将最早的手枪投入市场。

也是在德国，大约同一时间，出生于奥地利的企业家西奥多·伯格曼（1850 ~ 1931 年）和德国枪械设计家路易斯·施迈瑟（1848 ~ 1917 年，他是雨果·施

博查特手枪

从根本上而言，是雨果·博查特设计了这种手枪。它是第一把成功的自动手枪，它使用大约 7.65 毫米口径的子弹，其中被称为 7.65 式的毛瑟手枪非常有名。这种手枪的射击装置以闭锁后膛装置为基础，射击时，枪管向后回坐，对后膛闭锁块开锁，激活将枪管与后膛闭锁块分离的肘节，退出射击后的弹壳，并且通过握把中的一个 8 弹装弹匣重新装弹。然而，博查特手枪糟糕的设计却使得它很难用一只手发射，因此像其他几种早期的自动武器一样，它装上了可以拆卸的枪托。

迈瑟的父亲）开始开发了一系列气体反冲式自动武器，然而其中 3 种枪要通过扳机护弓前面的而不是握把中的弹匣进行装弹（像大约同一时间开发的"扫把柄"毛瑟枪一样）。德国武器与弹药兵工厂（路德维格·洛伊公司的继承者）在 19 世纪 90 年代并未能将博查特手枪卖给美国军队，但是兵工厂的一个雇员乔治·鲁格尔在此基础上对它加以改进，最终开发出第一种名副其实的知名手枪。瑞士军队在 1900 年采用了鲁格尔手枪，这标志着军事方面自动手枪的一个主要进展。然而，德国军队认为，最初使用的鲁格尔 7.65 毫米口径的子弹威力很弱。鲁格尔之后开发出一种新型的 9 毫米口径的子弹。德国军队在 1980 年采用了这种 9 毫米口径的鲁格尔手枪。

约翰·勃朗宁手枪的出现

武器客户对于早期自动武器的主要反对意见在于，大家一致公认，这些枪的子弹缺乏"阻力"。即使用那个时代较重的左轮子弹时，枪的自动装置也无法运转。然而，20 世纪早期，美国军队在镇压菲律宾的起义者时（之后菲律宾成为美国的殖民地），发现即使他们使用 9.65 毫米口径的左轮手枪也是效率不高。约翰·勃朗宁制造出使用威力极强的 11.43 毫米口径的子弹的手枪（而且是自动的）成功地攻克了这一难题。这种子弹又被称为 11.43 毫米 ACP（柯尔特自动手枪）。1911 年美国军队官方采用了这种柯尔特 M1911 式自动手枪，它进而成为世界上最为成功、服役时间最长的手枪。

约翰·摩西·勃朗宁

勃朗宁确实是整个历史上最具影响力和最为多才多艺的枪械制造商。他的产品既有民用武器，又有军用武器，包括短枪、机枪、自动步枪和自动手枪。而且，他设计的许多枪型今天仍在生产。约翰·摩西·勃朗宁 1855 年出生于犹他州的奥格登。勃朗宁的父亲，是一个枪械工匠，是一名信仰摩门教的边疆拓荒者，他经过艰苦跋涉，来到了西部的犹他州。正是在父亲的枪铺里，13 岁的勃朗宁制造了他职业生涯中的第一把枪。1883 年勃朗宁开始为温彻斯特公司工作，他在 19 世纪 90 年代和 20 世纪早期设计了几种极具传奇色彩的短枪和步枪。他对自动武器很感兴趣，这使得他在 1895 年开发出了一种机枪和几种自动手枪，其中包括最终的 11.43 毫米口径的 M1911A1 式柯尔特手枪。他设计的 7.62 毫米和 12.7 毫米口径的机枪在整个美国军队中成为标准机枪，就像他的勃朗宁自动步枪（BRA）一样。1926 年他死于比利时，当时他正在研制 9 毫米口径的自动手枪，这种手枪最终以勃朗宁高效能（Browning High-Power）的名称被生产出来。

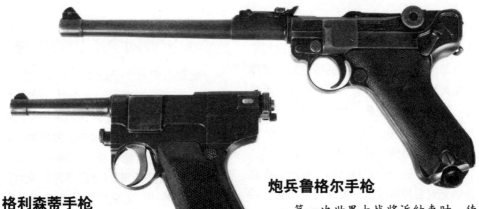

格利森蒂手枪

这种 9 毫米口径的格利森蒂手枪（根据它的制造商——意大利皇家格利森蒂武器公司的名字命名）首次制造于 1910 年，是一战时意大利军队标准的辅助武器。这种手枪有极其复杂的射击系统，再加上不寻常的扳机装置，削弱了它的效力。

炮兵鲁格尔手枪

第一次世界大战将近结束时，德国军队引入了一种有趣的鲁格尔改装手枪（被称为炮兵鲁格尔手枪）。炮兵鲁格尔手枪使用一根 20 厘米长的枪管取代了鲁格尔手枪标准的 10 厘米的枪管。它往往被用作一种带有木制肩式枪托和 32 发子弹弹鼓的卡宾枪。正如这种手枪的名称所示，它最初被配备给炮手，用作防御武器，但是后来在冲击敌军战壕的步兵手中，这种手枪证明了自己的效力。

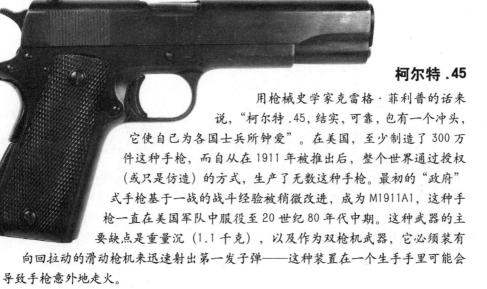

柯尔特 .45

用枪械史学家克雷格·菲利普的话来说，"柯尔特 .45，结实，可靠，包有一个冲头，它使自己为各国士兵所钟爱"。在美国，至少制造了 300 万件这种手枪，而自从在 1911 年被推出后，整个世界通过授权（或只是仿造）的方式，生产了无数这种手枪。最初的"政府"式手枪基于一战的战斗经验被稍微改进，成为 M1911A1，这种手枪一直在美国军队中服役至 20 世纪 80 年代中期。这种武器的主要缺点是重量沉（1.1 千克），以及作为双枪机武器，它必须装有向回拉动的滑动枪机来迅速射出第一发子弹——这种装置在一个生手手里可能会导致手枪意外地走火。

扫把柄毛瑟

　　毛瑟对于自动手枪制造的第一次尝试
性介入出现在 1896 年，随之他推出了被普
遍称为"扫把柄毛瑟"（得名于它独特的
握把样式）的 7.63 毫米口径的枪型（以及
它随后的改进型 1898 式）。和博查特与炮兵鲁格尔手枪一样，"扫把柄
毛瑟"也可以充当卡宾枪，并且有一个可以用作枪套的木制枪托。"扫
把柄毛瑟"的创新在于，当它装在盒型弹匣中的最后 10 发子弹射完后，
它的枪栓仍然是张开的，这便于通过填弹条重新进行装弹。"扫把柄毛瑟"
在几支军队中是军官们私人购买的流行武器，在他们当中，一位名叫温
斯顿·丘吉尔的英国青年骑兵就曾经在 1898 年苏丹的恩图曼战役中使用了这种手枪。

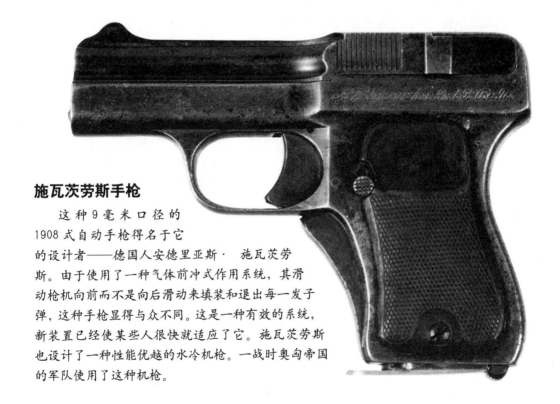

施瓦茨劳斯手枪

　　这种 9 毫米口径的
1908 式自动手枪得名于它
的设计者——德国人安德里亚斯·　施瓦茨劳
斯。由于使用了一种气体前冲式作用系统，其滑
动枪机向前而不是向后滑动来填装和退出每一发子
弹，这种手枪显得与众不同。这是一种有效的系统，
新装置已经使某些人很快就适应了它。施瓦茨劳斯
也设计了一种性能优越的水冷机枪。一战时奥匈帝国
的军队使用了这种机枪。

私人防身武器

虽然公共安全得到改善（例如，建立了有组织的警察部门），但是犯罪在 19 世纪的欧洲和美洲仍然是一个主要问题。工业化的出现使得城市获得大规模的发展，但是也导致了城市下层个人或团伙犯罪的增长，与此同时，强盗在农村和偏远地区仍然是一个严重威胁。

私人手枪

这些武器分为几种类型。除了德林格手枪，还有所谓的"袖珍手枪"，这种手枪正如它的名字所示，照道理应该暗藏在主人的随从身上。这些武器的典型特点是：它们都属于发射小口径子弹的左轮手枪，而且常常是专门制造成特别型号的手枪。为了尽可能简约紧凑，这些手枪都有折叠式扳机或者是完全封闭的枪锤来减少手枪的走火。随着简洁的小口径自动手枪的推出，这种袖珍手枪的理念在 20 世纪得以延续。

"女士手枪"或"皮手笼手枪"是这些手枪的一套附属类型。这种手枪非常小，主要为了妇女使用，它能够藏匿在手提袋或那个时代许多妇女常戴的用于暖手的皮手套中。

更为与众不同的一种武器是 19 世纪推出的"掌中"或"挤压式"手枪。这

些手枪不再是传统的样式，而是水平导向的武器，这样可以将手枪隐藏在使用者的手掌里。除此之外，它们也带有一个"挤压式"的射击装置来取代标准的扳机。这种手枪最为知名的型号包括比利时／法国的怪异系列和高卢系列以及美国的"芝加哥保护者"。

步行手枪

虽然 19 世纪之前拐杖和手杖中藏有匕首或刀剑是很平常的事，但是 19 世纪初和 20 年代撞击式雷帽射击装置的引入使得"手杖枪"成为一种实用武器。1823 年，英国枪械工匠约翰·戴发明的一种枪械装置（在这种装置中，一个位于枪锤上的下拉式枪机可以藏在一根手杖中，从而拆掉了扳机）获得了专利；随后，戴的专利手杖枪成为这一制造行业标准的枪械。

根据枪械史学家查尔斯·爱德华·

女士手枪

这件称之为"女士手枪"的手枪样品，是一把 5.58 毫米口径的左轮手枪。它有一个折叠式扳机和包有珠母外表的握把。

夏普尔的观点，19世纪的手杖枪"是为博物学家、猎场看守人和偷猎者大批量制造的"。这个世纪后期，发射新型的完全封闭的金属子弹的手杖枪开始应用。虽然大多数手杖枪的任意一种射击系统都是单发的，但是据说还是有一些手杖左轮枪被制造出来。

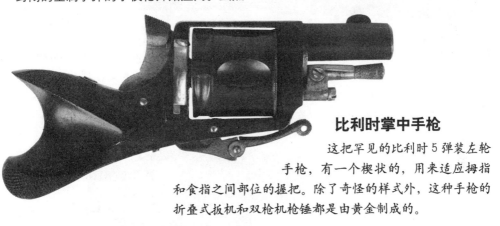

比利时掌中手枪

这把罕见的比利时5弹装左轮手枪，有一个楔状的，用来适应拇指和食指之间部位的握把。除了奇怪的样式外，这种手枪的折叠式扳机和双枪机枪锤都是由黄金制成的。

法国掌中手枪

19世纪80年代中期，法国枪械制造商开发了一种名为"怪异"的掌中手枪。这种手枪没有扳机，如果要发射子弹，使用者需要挤压枪身，这样可以激活装在边上的枪锤，发射出6毫米口径的子弹。后来注入高卢系列的手枪也都使用了同样的射击系统。

保护者掌中手枪

1882年，法国枪械工匠设计的一种可以舒适地握在掌中的手枪获得了专利。这种手枪使用的子弹（10发6毫米口径或者7发8毫米口径子弹）被装在一个水平的星形气缸中。这种样式的手枪发射一种特殊的，较短的8.12毫米口径的子弹，它在美国的明尼阿波利斯武器公司，以及后来建立的芝加哥枪械公司获得了生产许可。这些公司以"芝加哥保护者"的名称来销售这种手枪。

自行车手枪

19 世纪 80 年代，现代意义上的"安全"自行车的发展，在欧洲和北美引发了对骑脚踏车兜风的狂热。接下来出现的事情就和现在一样，野狗并不总是能够理解这些出现在自己地盘上的交通工具。这把 5.58 毫米口径的手枪，大约制造于 20 世纪的法国，它们被骑自行车的人用来吓唬野狗。它既可以发射空弹，也可以发射实弹。

婴儿左轮手枪

从 19 世纪 80 年代开始，佛罗里达的枪械制造商亨利·柯尔柏生产了一系列极其简约紧凑、没有枪锤的"婴儿左轮手枪"。这件 5.58 毫米口径的，带有折叠式扳机的手枪，枪身是镀镍的，并且有一个珠母握把。

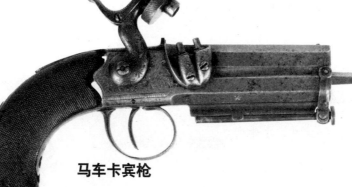

马车卡宾枪

这把 19 世纪的英国撞击式"马车卡宾枪"（之所以如此称谓，是因为它本来可能是由公共马车上的车夫或抵御劫匪的保镖持有的）带有两根枪管，并且还装有一根短刺刀。

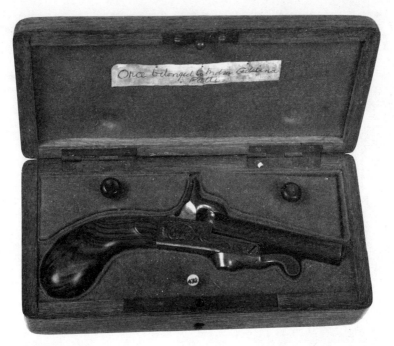

帕蒂针发式左轮手枪

这把带有一个折叠式扳机的、单发的 7.62 毫米口径的针发式手枪的拥有者是安德里娜·帕蒂（1843～1919 年）。帕蒂出生于西班牙的一个意大利裔家庭，是她那个时代最伟大的歌剧女高音歌唱家。

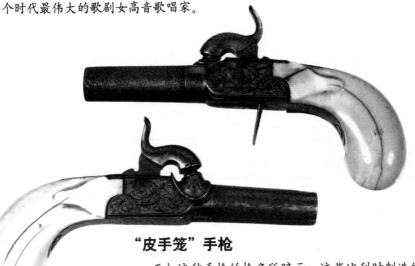

"皮手笼"手枪

正如这种手枪的枪名所暗示，这些比利时制造的、带有象牙把手的 9.14 毫米口径的单发撞击式"皮手笼"手枪是为了让女士们可以将手枪放在她们取暖用的皮手笼之中。

伪装的武器

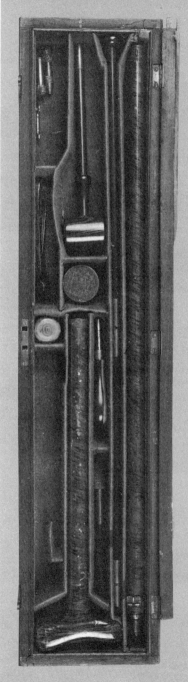

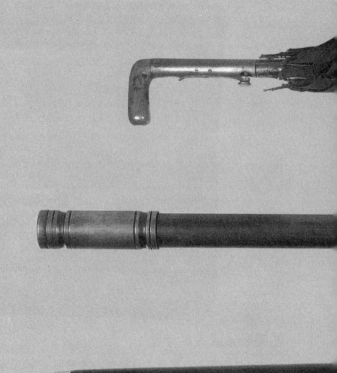

小路手杖枪

　　这种武器最为罕见的一种类型是英国 19 世纪的撞击式雷帽小路手杖枪。这根手杖的顶部（里面装有枪）是和下半部分离的，它可以举在肩膀处发射子弹。

雨伞枪

　　这是一把被伪装成雨伞的撞击式雷帽枪。1978年一种现代型的雨伞枪（就图中这把而言，发射粘有有毒的蓖麻毒剂的子弹）被用于暗杀一个在伦敦的保加利亚不同政见者。

斯威格针枪

　　这是一把5.58毫米口径的木质外表的斯威格针枪。

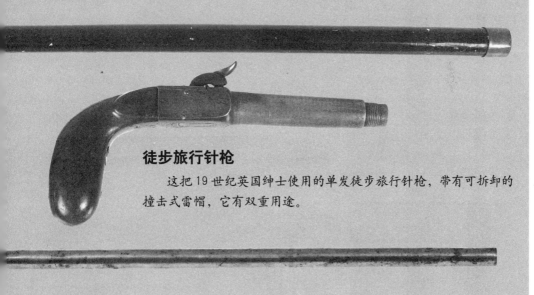

徒步旅行针枪

　　这把19世纪英国绅士使用的单发徒步旅行针枪，带有可拆卸的撞击式雷帽，它有双重用途。

步行针枪

　　这是一把19世纪英国的步行针枪。这种武器带有由英国枪械工匠——约翰·戴设计的单发撞击式雷帽射击装置。

几种攻击性武器

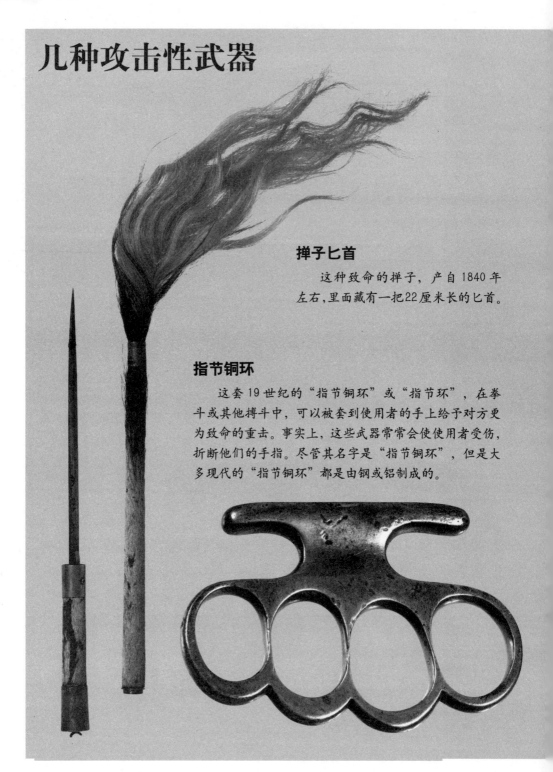

掸子匕首

这种致命的掸子，产自 1840 年左右，里面藏有一把22厘米长的匕首。

指节铜环

这套19世纪的"指节铜环"或"指节环"，在拳斗或其他搏斗中，可以被套到使用者的手上给予对方更为致命的重击。事实上，这些武器常常会使使用者受伤，折断他们的手指。尽管其名字是"指节铜环"，但是大多现代的"指节铜环"都是由钢或铝制成的。

包皮铅头棍

包皮铅头棍（Blackjack）这个词起初用于指一种金属的大啤酒杯。这种武器也被称为"铅棒"或"包皮短棒"。这些很容易隐藏的棍棒的典型特点是：里面填有铅体，一端常常系在一根皮革带上。这里展示的这件19世纪的包皮铅头棍，每一端都有一个用藤条编成的球形捏手和一根皮带。

西班牙折叠小刀

这是一把19世纪晚期的西班牙折叠小刀。

重力匕首

这是一把19世纪早期的重力匕首，顶部带有一个金属的后背耙子。这把11.5厘米长的匕首可能镀上了一层金属。

复合武器

    将枪和刀或棍棒复合在一起的武器（或者所有这 3 种武器）其谱系要回溯到 16 世纪。直到实用的连发枪在 19 世纪中期出现之前，枪（除非是多管枪）在重装子弹之前，只能发射一发子弹，因此如何使枪的使用者拥有另外一种手段杀死敌人（或者保护自己防止受到敌人的攻击）成为武器制造商们关心的问题。连发武器的推出并没有完全解决这一问题。在 19 世纪晚期，出现了一种流行的左轮手枪－匕首或小刀的复合武器，著名的（或者说是声名狼藉的）法国"阿帕契"就努力试图将一把左轮手枪、一把小刀的刀刃和一套铜指节环复合在一件武器上。我们这个时代的复合武器包括"三管复合枪"（一种双枪管的短枪，除此之外还带有第 3 根来复枪枪管，通常是由欧洲人制造的）和由几个国家的空军开发的用于搜索降落在偏僻地区等待营救的飞行员的救生枪（有一根短枪枪管和一根来复枪枪管）。

德克手枪

    比利时－法国的枪械制造商杜默希尔父子公司制造的几件小刀－手枪的复合武器。就像这里展示的这件复合手枪，有一把 34 厘米长的刀装在双枪管的上面。杜默希尔也制造了许多手杖枪。

权杖枪

    这件 19 世纪英国的武器将一根头部带有装饰的权杖（棍棒）和一把撞击式雷帽手枪复合在一起。它使用由英国枪械工匠约翰·戴为他著名的手杖枪设计的射击装置。

战斧枪

这种武器制造于1830年左右的印度，它将战斧和一把使用撞击式雷帽的枪复合在一起。

匕首枪

这件日本武器，虽然被伪装成一把匕首，但是它实际上是一件单发的，使用撞击式雷帽的手枪。

小刀手枪

伦敦昂温·罗杰斯公司是小刀手枪复合武器的开拓者，它在19世纪70年代制造了这件袖珍小刀手枪。它包括一把9.14毫米口径的前膛装弹的单发手枪和2把折叠式的小刀。

土耳其枪盾

　　这件枪盾整个表面都刻有金银图案，并且上面的几个部分也镶有金银，它的直径有 41 厘米。它将一把装在反面的木制底座上的撞击式雷帽枪和一根 13 厘米长、凸出的枪管结合在一起。这种武器只要拉动一下细绳，就可以使枪射击。

印度的手枪盾牌

　　这件看起来平淡无味的"古老"盾牌，在它的雕饰后面，隐藏着 2 根枪管，这些枪管旋动开来射出密集的子弹。这种武器源自 19 世纪，是由手锻钢制成的。

埃塞俄比亚盾牌

　　一些波斯盾牌的中央有用于战斗的矛刺。从这件盾牌中央穿过的枪管从远处看就像一根矛刺。只有在近距离（射击）范围内，它才可以被看清是一根枪管。

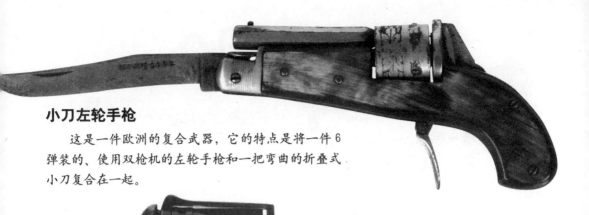

小刀左轮手枪

这是一件欧洲的复合武器，它的特点是将一件6弹装的、使用双枪机的左轮手枪和一把弯曲的折叠式小刀复合在一起。

阿帕契

19世纪的最珍稀也是最为知名的复合武器之一就是"阿帕契"，之所以如此命名是因为据说它们是由帕里斯的匪徒（他们以好战的美洲土著人建立的国家的名字称呼自己）使用的武器。枪械史学家查尔斯·爱德华·夏普尔认为它的名字是"对美洲阿帕契印第安人的一个莫大侮辱"。"阿帕契"将一把左轮手枪（很明显，它通常使用7毫米口径的针发式子弹）、一把长约9厘米的小刀和一个"铜指节环"握把复合在一起。考虑到它的小刀的长度很短，而且手枪甚至没有枪管，因此，无论是作为枪械还是作为小刀，它的效力很让人怀疑。

印度的复合武器

这件19世纪的武器（按照传统为印度王子制造的）包括一把剑；一件盾牌；一把单发的、使用撞击式雷帽的手枪；一把30.5厘米长的针形匕首。这件武器是由钢制成的，并且带有黄金镶刻物和铜制饰品。

印度锤棍－手枪

　　19世纪，一个印度枪械工匠将这件锤棍（它可能制造于两个多世纪以前）和一把使用撞击式雷帽的枪装在一起。

19世纪的复合武器

　　这是另一件19世纪的多用途武器（图中这件源自欧洲），包括一把小刀的锋刃、单发手枪和一根用金属加固的杆子（用作棍棒）。

复合手枪－匕首

　　这件比利时的手枪（使用可怕的20.32毫米口径的子弹）不只装有一把刀子，而是装配两把刀子（一片16.5厘米长的直刃小刀从枪身向前探出，另一片20厘米长的曲刃小刀隐藏在枪托里）。除此之外，它的扳机护弓也被加长、加固，用于躲避袭击者的刀剑戳刺。

卡特勒斯弯刀手枪

杜默希尔也制造了这件带有一把卡特勒斯弯刀刀刃的、7.62毫米口径的、使用撞击式雷帽的手枪。这把手枪和它上面的小刀是由同一块钢锻造而成的。

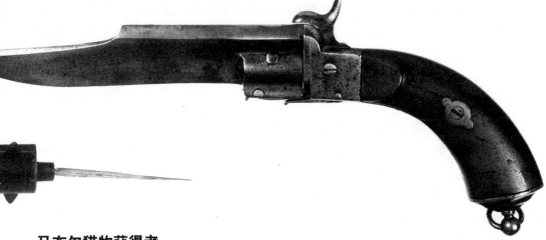

马布尔猎物获得者

1908年密歇根的马布尔安全制斧公司(后来的马布尔武器制造公司)推出了"猎物获得者"。它是一种带有折叠式枪托、上下双枪管的武器,其中它的上枪管发射5.58毫米口径的子弹,下枪管则发射11.17毫米口径的(后来是10.16毫米口径)的短枪子弹。这种手枪的设计理念使得猎手们获得了一件适合于对付鸟类和其他四脚动物的简约型武器。

报警枪、陷阱枪和特殊用途的枪

并非所有的枪械都是用于杀人的。从火药的引入开始，各种各样的火器被用于发射信号，计时，和发出警报等各种用途。19世纪前半段，撞击式雷帽引入后，这些特殊用途的枪械的数量获得增长。这几页展示了那个时代的一些有趣的这类武器。

报警枪和陷阱枪

报警枪的开发是为了让屋主获得一种避开盗贼的手段。通常它们被装在窗户和门上，当入屋行窃者试图打开门窗时，枪的拉发线会激活撞击式雷帽，引燃火药（后来的报警枪发射出的是空弹），向屋主报警，并照理会将盗贼吓跑。这种武器的一种改进型是由一把通过螺丝装在门窗上的、小口径的、发射空弹的手枪构成的。当门窗被打开时，它就会发射出空弹。

陷阱枪（也被称为弹簧枪）在乡村地区最普遍地用于打击偷猎者。和许多报警枪一样，这些陷阱枪也是由拉发线来激发，但是和报警枪不同的是，一些陷阱枪往往发射的是子弹而不是火药或空弹。

射绳枪和信号枪

对于海上一艘船而言，获得另

一艘船甲板上的绳子，无论是对于拖曳破损的船只，还是对于传递消息或运送供给品，都常常是非常有必要的，这造成了射绳枪的发展。"海岸警卫队"和救生艇船员也使用射绳炮（就像从19世纪晚期到20世纪50年代使用的美国莱尔枪）将绳子射到失事的船上，来将乘客和船员安全地带上岸。

在无线电接收装置引入之前，商船和战舰在港口通过发射信号枪宣布它们的到达已经成为一种习惯，而且对于舰船而言，当遇到大雾和其他天气状况使船的可见信号（旗子）看不见时，也常常有必要用枪向其他船发射信号。出于这样的目的，在船上用一把"大枪"发射显然不切实际，因此许多船上都装上了信号炮。

沃利斯报警枪

19世纪的报警枪是由约翰·沃利斯的英格兰赫尔枪械制造厂生产的。它的枪锤通过双头的传动杆来击发。当传动杆被盗匪触拉时，它就会激活撞击式雷帽。

乃勒陷阱枪

　　另一个英国枪械工匠伊萨·乃勒在 1836 年获得了这件"报警枪或记者和发现者枪"的专利。这种枪由一个钢制闭锁块和几个装火药的垂直膛室构成。撞击式雷帽射击装置通过这种枪底部的叶状弹簧主动撞针来激活。枪身正面那个水平的洞穿透了闭锁块，可以使它紧紧地固定在带桩的底座上。这种枪的各种型号有 1 ～ 6 根枪管。

射绳手枪

　　一把来自 1860 年左右的皇家海军的撞击式雷帽射绳手枪。它的枪管内的铜杆上系着一根小绳子，可以使用空弹将绳子从一艘船射到另一艘船上。一旦得到这根小绳子，它就被用于拉起一根更粗的绳子或缆索。

19 世纪的海军信号炮

　　这件 19 世纪的海军信号炮用于发射信号，又用于鸣礼炮。类似的小炮也被用于地面上的计时（例如，通过射击表明已经是正午 12 点）。英国皇家海军第一个开启了发射礼炮的传统，并且后来成为最令人敬畏的海上礼仪。这使得其他国家的战舰遇到英国海军时首先鸣射礼炮，之后英国海军战舰可能会以同样的方式回应对方。

格林纳仁慈动物杀手

　　值得尊敬的英国枪械制造商 W.W. 格林纳（他的公司建立于 1855 年），在接收了他已故的父亲的企业（创建于 1829 年）后，制造了这件武器。这种武器以"格林纳仁慈动物杀手"的名字销售，它被设计出来用于迅速杀死牲畜或打死一匹受伤的、没有生还希望的马。这种武器的使用者要旋开顶上的盖子，插入一枚 7.87 毫米口径的子弹，再装上盖子，将盖子的宽头放在马的前额，将盖子的凹部向上顶，使之与马的脊柱保持水平，这样子弹就可以射入马的脊柱骨髓，从而将其立刻杀死。第一次世界大战期间，这些武器被分发给英国的骑兵军队和兽医。格林纳随后继续制造了一些高质量的武器。

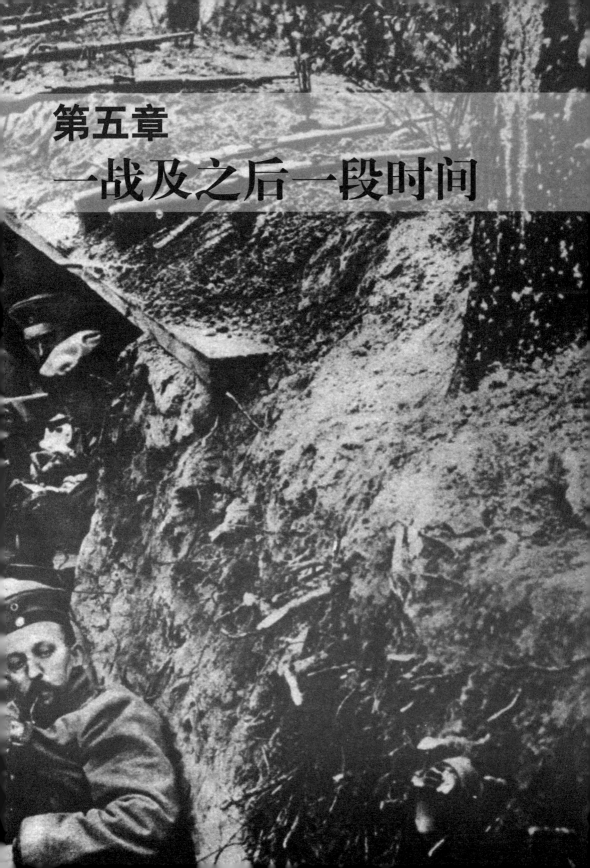

第五章
一战及之后一段时间

"但是他并不曾随身携带着滴满鲜血的剑，因为他在设想让我们活着。我们已经从他的手里夺取了武器，使市民们获得安全，使城市岿然不动，你一定认为，对他而言，这就是巨大而让人压抑的痛苦！"

——西塞罗　《反对喀提林的第二次演说》
公元前 63 年

　　第一次世界大战（1914 ~ 1918 年，以下简称一战）中，武器技术的发展出现了趋同的现象（这些武器技术曾经在 19 个世纪被开发）。这对于参战的所有军队中的士兵们造成了可怕的结果。栓式枪机步枪现在已经成为标准的步兵武器，但是战争并不是由步枪主导的，而是由士兵操作的机枪和使用爆炸威力巨大的榴霰弹的速射大炮决定的。早期西线的战场是如此残酷，以至于双方都挖掘了一条弯弯曲曲一直穿过比利时和法国的战壕。

　　第一次世界大战中也引入了像坦克、飞机、喷火器这样的新武器，也包括最为恐怖的武器毒气。机枪的成功，以及对于战壕战斗有效的武器需求使得兵工厂开始试验自动武器（它们可以由个人持有参加战斗），包括自动步枪和冲锋枪，尽管这些武器技术的创新来得太晚，对战争的结果没有造成太大的影响。

一战时的带刃武器

第一次世界大战是一场使用机枪和大炮这样的高火力武器进行的战争。但是，这场战争中的步兵也经历了拼死的近距离肉搏战阶段（尤其是在西线的战壕中）。在现代战争中，带刃的武器仍然拥有一席之地。

战壕刀

在大战爆发之前，刀剑在欧洲的军队中主要被当作礼仪武器（除了仍然配备给骑兵马刀）。然而骑兵军队中的士兵并没有机会使用他们的马刀。

虽然英国与德国军队在 1914 年马恩河战役中第一次冲突是一场骑兵战，但在骑兵战失去作用后，双方在比利时和法国的西线战斗很快就变成了固定的战壕战。然而，英国军队保留了大量骑兵，希望他们能够夺取德军阵地上的战壕。

每一个步兵的步枪上都有一把刺刀，因此士兵们经典的形象是："头顶"刺刀在"无人的地上"来回晃动，将双方的战壕分离开。然而，即使一战中的步兵躲过密集的机枪射击，进入敌军的阵地，在战壕中近距离使用刺刀也是一件令人尴尬的事情。因此，在与敌人的近战中，士兵们越来越多使用刀，几家兵工厂开发出具有这种用途的"战壕刀"或"战壕匕首"。

一战中的士兵也临时准备了带刃武器来应付战壕战的条件。这些武器对于中世纪的武士们而言曾经是充满荣誉的。一些刀子的刀口极其锋利。还有一些武器将刀子连接在杆子上，从而制造出 20 世纪的矛刺和重载。

德国的马刀

这是一把一战时代的德国马刀。

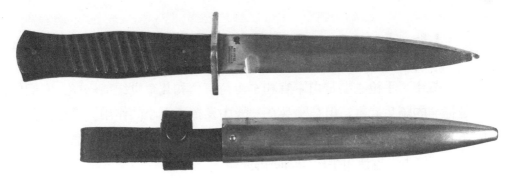

德国战刀

这把简约的战壕匕首主要配备给一战时期前线的德军。这把小刀有一片 14.5 厘米长的刀刃，其总体长度有 25 厘米。

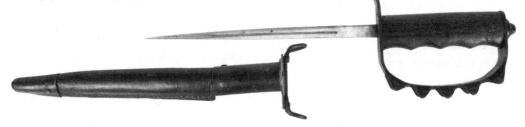

美国 1917 战壕刀

1917 年，美国军队开发出一种专门用于近战的战刀（这里展示的战刀，还有它的刀鞘）。它是一种具有 3 种威力的武器，一是带有一个三角形的戳刺刀刃，二是带有一个"铜指节环"做成的刀把，三是带有一个较重的可以"击碎头骨"的刀柄圆头盖。

美国 1918 战壕刀

最初的 1917 战壕刀过于易碎，因此被这里展示的 1918 战壕刀所取代（它有一个实心铜把手）。

一战中的手枪

一战中，手枪主要是由军官和军士持有。和几个世纪前一样，它们仍然是标准的骑兵武器，但是骑兵在一战中发挥了很小的作用。手枪在前线的步兵近战中发挥了有益的作用。坦克兵、飞行员和辅助军队在步枪失去效力的环境中，也使用手枪作为防御武器。

左轮手枪

1914 年一战开始之前，自动手枪最终在世界各国的武装军队中获得了承认。例如，瑞士和德国就已经采用了 9 毫米口径的鲁格尔手枪，而美国（他在 1917 年参战）在 1911 年使用了柯尔特 11.43 毫米口径的自动手枪。然而，许多军官认为（持有一些合理的理由）自动手枪要远比左轮手枪更为复杂，并且射击不可靠，不能承受泥泞，满是灰尘，潮湿的战斗环境。在整个一战期间，英国军队仍然极力地支持使用韦伯利＆斯科特

伯明翰制造厂生产的左轮手枪（这种手枪首次在军队中服役是在 19 世纪 80 年代）；法国军队使用的是勒伯尔左轮手枪；俄国军队使用的是纳甘左轮手枪（虽然任何一种手枪在装备极差的俄国军队都是短缺的）。这个时代的自动手枪也使用 7.65 毫米或 9 毫米口径的子弹，据说这种子弹要比更重的 9.65 毫米或 11.43/11.55 毫米口径的左轮手枪子弹的"阻力"更小（11.43/11.55 毫米口径的子弹"阻力"和 1 毫米口径的子弹"阻力"是一样的）。

伯格曼－拜亚德 M1910

由丹麦枪械制造商西奥多·伯格曼和他的副手设计的这种伯格曼－拜亚德 M1910 是一种 9 毫米口径的自动手枪，它能装有一个可以容纳 6 发到 10 发子弹的弹匣。除了成为丹麦官方的辅助武器之外，它后来也被比利时、希腊、西班牙的军队所采用。它也被广泛地用于第二次世界大战德国占领期间的丹麦抵抗运动。

德国左轮手枪

虽然采用了鲁格尔手枪，但是，许多一战时的德国骑兵还持有 6 弹装的 11.17 毫米口径的左轮手枪（就像这里展示的这把手枪）。手枪握把上的弹簧上系着一根系索，这可以使手枪固定在骑兵的衣服或传动装置上。

格利森蒂 M1910 自动手枪

这把 M1910 自动手枪是由皇家格利森蒂武器制造公司制造的，它是意大利军队在一战中的最主要武器。然而，M1910 自动手枪有一个极其复杂的射击装置（这种射击装置需要使用威力更弱的 9 毫米口径子弹），这限制了它的射程和阻力。

史泰尔

史泰尔 9 毫米口径的自动手枪是奥匈帝国军队的标准手枪，许多这种手枪在第二次世界大战时期的德国纳粹国防军手中发挥用武之地。与这里展示的"螺旋鼓"鲁格尔手枪一样，这把特殊的手枪也是在北非战场上，盟军打击德军和意大利军队的战役中缴获的。

"它们并没有消失。"

——贝当将军　凡尔登战役　1916 年

一战时的步兵武器

20 世纪伊始，军事步枪技术，就比其他武器发展的速度更加缓慢。一战时大多数军队中的步兵都是持着最初样式可以追溯至 19 世纪中期的步枪参加战斗。

如果不曾被打破

步枪技术发展缓慢是有合理原因的。使用栓式枪机的步枪很结实，并且机械装置简单，长距离射击较为准确（典型的特点是 1650 ~ 1980 米）。一战前步枪发展的主要趋势只是使步枪变得更短更轻，从而使 19 世纪的卡宾枪和步枪的区别变得模糊。这些步枪包括美国斯普林菲尔德 M1903、英国 SMLE（李·菲尔德短弹匣步枪）和德国 KAR-98。

虽然一战时期，一名训练有素的士兵可以使用栓式枪机步枪每分钟射出 15 发子弹，但是武器设计者们还是已经开始研制半自动步枪来增加步兵火力。半自动步枪（也被称为自动装弹步枪）通过后坐力或留在枪管内的火药燃气的后坐力驱动，每拉动一下扳机，就发射一次。

半自动步枪的出现

从 19 世纪 90 年代中期以来，丹麦、墨西哥、德国、俄国和意大利的军事部门都开始采用半自动步枪，但是没有一个国家的军队广泛使用这种武器。虽然半自动步枪试验在继续进行，但是半自动步枪的采用的速度却被放慢，这是由于它和自动手枪取代左轮手枪需要考虑同样的问题。半自动步枪和使用栓式枪机的步枪相比相对复杂，而且大多数半自动步枪发射更轻、更短的子弹。除此之外，军官们也担心装备了快射步枪的军队会迅速增加弹药的使用量。

埃迪斯通安菲尔德

美国在 1917 年 4 月参加一战，当时它的军工产业很凄惨，并没有准备好为庞大的军队提供装备。由于扩大生产美国军队的标准步枪——M1903 存在困难，美军也采用了以英国安菲尔德步枪为基础的步枪，因为安菲尔德步枪在美国根据合约已经开始生产。最终美国军队推出了 1917 式步枪（从根本上而言，它是带有经过改装发射 7.62 毫米口径子弹的枪机和弹匣的安菲尔德步枪）。

MKII 刺刀

　　这件长钉形的刺刀在第二次世界大战期间被装在 SMLE 步枪的后继者之一——SMLE 马克 IV 步枪上。它是由美国斯蒂文－萨维奇公司根据和英国政府签订的合同而制造的。

KAR－98

　　这把 7.92 毫米口径的 KAR－98（Karabiner1998）式步枪在两次世界大战中是标准的德国步兵步枪。它使用了经典的前闭锁毛瑟枪栓，重 3.9 千克，有一个完整的 5 弹装盒式弹匣。

安菲尔德

　　第一种 7.69 毫米口径的 SMLE（李·安菲尔德短弹匣）——马克 III，其样式吸收了布尔战争（1899～1902 年）中的经验教训，从 1907 年开始在英国军队中服役。SMLE 的枪机使得它相对于同一时代的其他步枪拥有更快的射击速度，它有一个 10 弹装的弹匣。在一战中，当德国军队在英军的炮火下冲到英军阵地时，英军就使用这种武器进行连续性的快速射击，而德军往往会认为他们受到了机枪攻击。

美国防毒面具

　　毒气是一战中极其恐怖的武器之一。法国和德国军队在战争初期都使用了刺激性气体（也就是催泪瓦斯），毒气战在 1915 年的伊普莱斯战役中进入了一个更为致命的阶段。当时的德军向英军阵地释放了氯气。很快双方都使用了毒气（主要通过炮弹来释放）。一些毒气（像芥子气）常常立刻就要人性命。早期的防护措施是原始的，例如，用一块浸尿的棉布捂住口和鼻子，随着战争的进行，越来越有效的防毒面具或"呼吸器"被开发出来。这里展示的这种防毒面具被配备给美国军队。

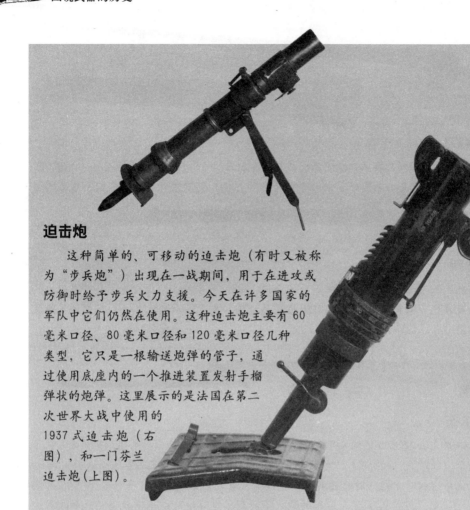

迫击炮

　　这种简单的、可移动的迫击炮（有时又被称为"步兵炮"）出现在一战期间，用于在进攻或防御时给予步兵火力支援。今天在许多国家的军队中它们仍然在使用。这种迫击炮主要有60毫米口径、80毫米口径和120毫米口径几种类型，它只是一根输送炮弹的管子，通过使用底座内的一个推进装置发射手榴弹状的炮弹。这里展示的是法国在第二次世界大战中使用的1937式迫击炮（右图），和一门芬兰迫击炮(上图)。

勒贝尔刺刀

　　这种刺刀生产于1916年，用于8毫米口径的法国勒贝尔1886双式枪机步枪。这种刺刀的金属握把是由镍和铜制成的（就像图中这把金属刺刀所展示的）。

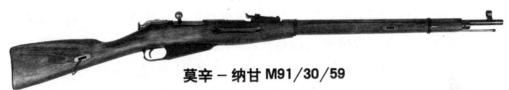

日本伞兵步枪

由于标准的 7.7 毫米口径的有扳步枪（三八式步枪）在执行空降任务中长度过长，日本军队开发了一种特殊的伞兵步枪，它可以在飞行跳伞前拆成两部分，然后在着陆后进行重新组装。然而，这种步枪在军队中服役的数量相对较少。

莫辛－纳甘 M91/30/59

这把 7.62 毫米口径，使用栓式枪机的莫辛－纳甘步枪，充分吸收了俄国的谢尔盖上校纳甘步枪和比利时的利昂纳甘步枪的设计元素，它有各种型号和各个级别，从 19 世纪 90 年代到 20 世纪 50 年代左右，一直是俄国（以及后来的苏联）的标准步兵步枪。

俄国卡宾枪 M1914

莫辛－纳甘卡宾枪 M1914，引入于二战末期，是莫辛－纳甘系列最终的复原。它最大的特点是，有一把折叠在枪托中的完整的刺刀。

曼里契－卡萨诺步枪

虽然这种曼里契－卡萨诺步枪由于奥地利－德意志枪械设计者费尔迪南德·利得·冯·曼里契而久负盛名，但是这一 6.5 毫米口径的曼里契－卡萨诺系列卡宾枪和步枪（意大利军队在 1891 年到整个第二次世界大战时期装备的最主要武器）实际上是以毛瑟枪的设计为基础的。"卡萨诺"的称呼来源于意大利政府设在都灵的兵工厂的一名枪械设计师——萨尔瓦多·卡萨诺的名字。这里展示的是 1941 式步枪。1963 年，李·哈维·奥斯沃德使用一把通过邮寄购买的曼里契－卡萨诺步枪暗杀了美国总统约翰·肯尼迪，这使得曼里契－卡萨诺步枪变得臭名昭著。

一战时的机枪

　　自动武器的概念（只要射击者拉动扳机，枪就会持续地射击）至少要追溯至 1718 年，那时英国人詹姆斯·巴克提出了多弹筒"防御枪"的概念。19 世纪中期出现了几件手工操作的快射枪。其中一些枪（例如，美国的加特林机枪）是相对比较成功的。其他一些枪（例如，法国的手动式机枪）就没有取得成功。第一件现代机枪——马克西姆机枪，出现于 1885 年，首次大规模地使用是在日俄战争期间（1904 ～ 1905 年）。在一战中机枪永久性地改变了战争，并一直是 21 世纪世界兵工厂中的主要武器。

机枪的诞生

　　虽然有来自诸如英国的卫士机枪和瑞典的诺登弗特机枪等其他机枪的竞争，从 19 世纪 80 年代到 20 世纪早期，还是有许多国家采用了马克西姆机枪。这种机枪出现于英国殖民主义的顶峰时期，它和其他一些快射枪在殖民地战争屠杀当地人的过程中展示了效力，这使得英国作家希拉尔·贝洛克写出了押韵的讽刺诗句："无论发生什么，我们已经得到了马克西姆机枪；而他们却并未获得马克西姆机枪。"

　　随后，一战爆发了。虽然英国军队第一个采用了这种机枪，但是这种武器在实用中装备数量少，而且效果也被低估。而法国军队则认为"进攻的精神"可能会克服自动武器的缺点。然而，德国军队并没有出现这些误解，因此，盟军也相应地吃了更多苦头，但是很快，他们就在这场武器竞赛中迎头赶上。

　　正如许多枪械史学家所注意到的，

（最为著名的是枪械史学家约翰·埃利斯的《机枪的社会史》一书）机枪在一战中造成的毁灭力既是肉体层面的，又是心理层面的。机枪将杀戮演变成一种工业过

马林机枪

　　当美国在 1917 年 4 月参加一战时，美国军队与马林武器公司签订了一份生产一种 7.62 毫米口径的柯尔特－勃朗宁 1895 式机枪的合同，这种机枪之前已经在海军中使用。这种由美国的约翰·勃朗宁设计的机枪，在步兵战斗中有很大缺陷：这种机枪的气体作用方式装置使用在一个枪管下面来回移动的活塞，因此，它只能在一个相当高的三脚架上进行射击，由此也就将射击者暴露在敌军的火力之下。由于活塞往往会撞击底下的底座，因此士兵们戏称它为"马铃薯挖掘器"。

程。它代表了工业革命的核心和大规模战争的时代。后来的英国首相温斯顿·丘吉尔（作为一名步兵军官在西线的战壕中待过9天）在想起机枪时，在战后的回忆录中写道，"曾经残酷而又充满吸引力的战争，现在变得残酷而肮脏……"

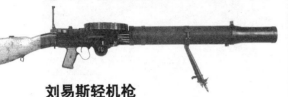

刘易斯轻机枪

英国军队参加一战时使用了包括刘易斯轻机枪在内的许多美国的机枪。这种7.69毫米口径的、气体作用方式的机枪，是由美国军官诺亚·刘易斯在1911年开发的，它有一块独特的"裹尸布"，用于冷却枪管。刘易斯轻机枪被大批量地装在盟军战机上使用，它有一种专门为美国军队开发的7.62毫米口径的型号。

法国的绍沙

法国的绍沙自动步枪是一战中最为糟糕的一种武器，它是由不符合标准的零件制成的。它的月牙形弹匣里装有8毫米口径的勒伯尔步枪子弹，对于自动武器而言，这是一种不准确和不可靠的射击系统。当美国军队抵达西线以后，他们装备了大量的这种武器（只是重新装上了美制7.62毫米口径的子弹）。除了内在的缺陷外，这些枪大多服役多年，年久失修。美国陆军和水兵（他们将这种武器称为"佛掌瓜"）认为这种武器根本就毫无用处，通常在参加战斗之前，这些武器会被扔在一边。

海勒姆·马克西姆

海勒姆·马克西姆，出生于1840年，早年就已经成为一名多产的发明家，其中，民间俗称的"捕鼠器"就曾经获得了专利。1881年当他打算参加巴黎的工业博览会时，一个朋友告诉他，如果他真的想发一笔大财，他应该去"发明一些武器，通过这些武器，这些欧洲人可以更为方便地割断彼此的喉咙"。马克西姆将这些话记在心里，几年后，他制造出了名副其实的武器。马克西姆机枪使用后坐力原理，通过一条连续的子弹带给弹。射击时机枪手固锁待发，后坐力推出射击后的弹壳，装上新子弹。由于射击速度快（每分钟射击达到600发子弹）会融化枪管，它的周围盖着浸满水的衬衣。后来的"气冷式"机枪就使用了穿孔的金属外壳。马克西姆后来获得英国的公民资格，由于他的成就，在1901年被英国授以爵士爵位。

特雷西战役

1897 年，一个名叫伊凡·布洛赫（1832～1902 年）的波兰犹太裔金融家出版了一本名为《未来的战争》的书。布洛赫提出，考虑到大规模征募的军队和机枪，以及发射爆炸的炮弹的快射大炮结合在一起，将来欧洲任何的战争都可能蜕变成士兵们挖掘地道，在地下寻求保护的战争。然而，他的理论受到忽视和嘲笑。在他死后不到 10 年，他被证明是一位正确的预言家。甚至在经历了第二次世界大战和冷战中对一触即发的原子武器战争的恐惧后，一战中战壕战的苦难与危险一直延续到了 21 世纪。

西 线

1914 年的战壕战并非是新生的。在美国内战期间（1861～1865 年），来复步枪的效力如此之大，以至于对阵双方都懂得挖掘战壕的意义。包围着弗吉尼亚的匹兹堡（邦联首都里士满的门户）的联邦军队战线的照片确实很像 50 年后的法国和比利时西线战场的照片。

来自欧洲军队的观察家们没有从这场战争中吸取任何经验教训。1914 年 8 月当一战在欧洲爆发时，法国军队仍然保守着"进攻——还是进攻"的教条，他们相信在空旷战场上的英勇进攻总是能够压倒敌人。在战争开始的几个月，法国军队一直努力将德国进攻部队控制在马恩河畔，以使巴黎免于被德军占领，但是他们的战术却是以牺牲上百万人的性命为代价的。

随后法国和他的盟友——英国建立了一条从英吉利海峡到瑞士边境，绵延将近500千米的一条战壕线。它通过一条几百米（或更小）宽的无人带与德军战壕隔开。

战壕中的生与死

这些战壕包括各种样子，从纯粹向外延伸的壕沟（特别是主要在防御的德军一方）到精心选择地点，避免炮弹袭击的地下掩体。通常战壕线常常是一直向前延伸，直接面对敌人的战壕构成，它得到两条辅助战壕线的支持，它们彼此连接在一起，又与通讯战壕的尾部连接。带刺铁丝网的尖部可以保护向前延伸的战壕（它有多种扩展用途，诸如安放机枪，布置狙击手的地点，以及监视敌军的观察哨）。

对于所有军队的士兵们而言，战壕中的生活是极其痛苦的，以至于无论何时前线上总会有一些军队需要轮换到后方。他们常常必须忍受寒冷、潮湿、虱子和老鼠（老鼠常常由于吃士兵的尸体而又肥又大）。由于虱子和炮弹射击，睡眠不被打断几乎是不可能的。甚至在对阵双方都比较平静的时期，也会由于"战壕足"这样的疾病（由于士兵们的脚长期浸泡在战壕底部聚集的水中所致），以及将一些人送至"无人带"修建带刺铁丝网，或者由于战斗巡逻时进入敌军阵地，抓取审讯的俘虏等原因，出现数量比较稳定的伤亡人数。

英国军队将这些人员消耗称为"正常的消耗"。除了以上这些痛苦之外，还经常存在毒气的威胁，而当人们脱离苦难，战争的紧张，特别是炮弹爆炸让人粉身碎骨的恐惧，心理的伤害（被称为"炮弹恐惧症"）也会出现。

战壕战的武器

几百年来，步兵通常是欧洲战场的决定性因素，但是一战中炮兵展示了卓越的成就。在1917年第三次伊普莱斯战役中，英国炮兵在3个星期内发射了令人惊愕的470万发炮弹。这样做的目的（和许多其他战役一样）就是为了"软化"敌军的步兵发起进攻，跨越"无人带"所做的准备。然而，这些炮弹很少达到目的。德军深深地扎在地下，常常能够使用毫发无损的机枪出现在阵前，并准备用它来扫射行进中的协约国步兵。在夏姆河战役的第一天（1916年7月1日），英国军队就遭受到5.8万人伤亡的打击（其中1/3阵亡）。在4个月后，进攻终止时，英国军队为了占领这条长7.5千米、宽12米的夏姆河已经总共丧失了42万人。

在努力打破西线僵局的过程中，英国开发出一种新型武器——坦克，一艘带有轨带和装甲的"陆地战舰"。虽然坦克取得了一些成功（特别是在1917年12月7日爆发的康布雷战役中），但是它们并没有被证明是战争中新的决定因素。与此同时，德国军队也开始以装备了新型武器（像喷火器和冲锋枪）的突击小分队（字面上的意思是"暴风雨部队"）为中心，制定新的战术，努力打破僵局。

尽管在战壕战中出现了这些武器创新，但是还是有一些武器是过去武器的重现。个人盔甲重新以钢盔的形式出现。进攻方持有应用型的杆状武器、棍棒和带刃武器，这些武器的使用在18世纪后已经衰落。

美国兴盛的 20 世纪的枪

　　1920 年 1 月 17 日，一项禁令（联邦对制造、销售或运输酒的一项禁令）在美国生效。这项"高尚的实验"本来是为了阻止与饮酒有关的犯罪和社会病，却造成了极其令人失望的结果。人们仍然想喝酒，"酿私酒的贩子们"也乐于制造或走私酒，组织犯罪，牟取高利，插手控制非法的私酒贸易。在整个 20 世纪 20 年代及其后的一段时间，匪徒们互相争斗，当局因此使用了各种强有力的武器，这才使法律执行机构在和匪徒们的火力比拼中迎头赶上。

汤米冲锋枪

　　20 世纪 20 年代最具有传统标准风格的武器确实是汤普森冲锋枪。令它的发明者约翰·汤普森（他发明了这种具有军事用途的枪）感到极其尴尬的是，这些武器早期的持有者是芝加哥和其他城市的匪帮。在他们与其他对立团伙和当局的火拼中，这种冲锋枪发挥了致命的效果。由于这一时代松懈的枪支控制法案，使得获得武器（甚至包括自动武器）对于犯罪者们而言，并非难事。

　　汤普森冲锋枪很快就获得了各种绰号，包括"汤米枪"，"芝加哥打字机"和"切碎机"。也许汤普森冲锋枪最臭名昭著的使用出现在 1929 年的"情人节大屠杀"中，当时艾尔·卡彭帮派的成员在芝加哥的赌场杀害了另一个对立帮派的 7 名成员。汤普森的 11.43 毫米口径的 ACP 子弹在近距离射击威力巨大，据说使得几名死者的尸体几乎都被击成两半。

放在口袋中和在车上使用的手枪

　　汤普森冲锋枪在犯罪分子手中的成功使用使得许多执法部门（包括联邦调查局）最终购买了这种武器。随后的几十年，汤普森冲锋枪成为"G—Men"兵工厂生产的产品。联邦调查局也使用了勃朗宁自动步枪。然而，大多数地方的警察部门仍然只装备左轮手枪和短枪，因此当匪徒们来

柯尔特警用实用型手枪

　　到 20 世纪 20 年代时，许多美国的警察和私人的武装保镖都持有 8.12 毫米口径或 9.65 毫米口径的柯尔特"警用实用型"手枪。这个名字源于 1905 年引入的新的安全特征，它将枪锤和撞针分离，由此减少了偶然走火的概率。这把特殊的 9.65 毫米口径的手枪是韦尔斯法戈公司为警卫制造的。

到城镇时，往往使得执法者们处于极其不利的境况。

20 世纪 20 年代另一种武器的发展是匪徒们对"袖珍手枪"的广泛应用。这些手枪是小型的自动手枪，通常有 5.58 毫米口径或 6.35 毫米口径。这种手枪正如它的名字所示，可以很容易地藏在上衣口袋中，裤袜中，或插在背带后面。这些武

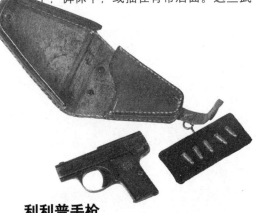

利利普手枪

德国的奥伯恩多夫·奥古斯特·门茨公司制造的利利普系列的自动手枪确实恰如其名。这种手枪有 8.9 厘米长，为了尽可能使武器变小，门茨给它装上了罕见的 4.25 毫米口径的子弹。另外一种稍大的利利普手枪使用 6.35 毫米口径的子弹。这里展示的是 1927 式 4.25 毫米口径的利利普手枪。

催泪瓦斯警棍

这种催泪瓦斯警棍在现实中非常罕见，宾夕法尼亚州匹茨堡联邦实验室公司制造了这件 20 世纪 20 年代中期的警棍催泪瓦斯发射器。

器是贩卖私酒交易谈判破裂时，或者是在警察追捕无路可逃的情况下使用的便利武器。

禁酒的禁令在 1933 年中止，但是大萧条又滋生了一批新的罪犯，"骑着摩托车的匪徒们"游荡于中西部和西南部的大路上实施犯罪。这些蛇头包括巴克帮派、约翰·德林格、"小男孩"弗洛伊德和邦妮·帕克，以及克莱德·巴罗。这些罪犯们也充分使用了汤普森冲锋枪，短枪身的短枪，甚至还有勃朗宁自动步枪（但有时是缩短式 BRA）。

J.T. 汤普森

J.T. 汤普森 1860 年出生于肯塔基州。他毕业于西点军校，在进入美国军械部之前，曾作为一名炮兵军官在军中服役。在他漫长的任期内，汤普森在斯普林菲尔德 M1903 式手枪和柯尔特 M1911 式手枪的发展中发挥了关键性的作用。一战期间，汤普森认识到，联军需要一种手握的自动武器（它将其称为"战壕扫帚"）来打破西线的僵局。他建立了一个公司——自动军械公司，来生产这种枪。不幸的是，这种枪投入生产太晚，难以在军中服役，这使得自动军械公司欠下了大笔债务。汤普森试图将这些武器卖给警察部门，但是只取得少量的成功。因此，最终他失去了对自动军械公司的控制权。汤普森死于 1940 年，此时恰好是汤普森冲锋枪作为一种新型武器，开始在新的世界大战中普遍使用的时候。

第六章
二战及之后

"虽然战争要使用武器，但是它却是由人来打赢的。恰恰是人们遵循或引领的精神获得了战争的胜利。"

——乔治·巴顿将军

　　在很大程度上，第二次世界大战（1939～1945年，以下简称二战）使用的是先前一战时的武器。已经在这场战争初期得到广泛使用的自动手枪取代了左轮手枪成为标准的军队辅助武器。冲锋枪（从美国的汤普森到德国的MP40"施梅塞"，再到苏联红军使用的便宜而简约的Ppsh41）开始大规模地出现在步兵的手中。在这场战争的前几年，各国都开始试验制造半自动或自动装填式的步枪来取代使用栓式枪机的步枪，但是只有美国军队在二战期间使这样的武器成为它的标准步枪（M1伽蓝德）。

　　在这场战争期间，德国开发出MP44Sturmgewher（"突击步枪"），这是一种将具有快射能力的冲锋枪和具有远射程和"阻力"的步枪结合在一起的创新型轻武器。MP44是突击步枪（战后成为主要的步兵武器）的鼻祖，突击步枪的杰出代表是AK47（它首次制造于苏联，但是随后在全世界范围内大批量生产，并制造了几种不同的改装型号）和美国的M16。

二战时的带刃武器

　　二战时，带刃武器被盟军广泛地用于抵御日本在太平洋上的征服浪潮。日本的军事教科书非常强调近距离作战，太平洋岛屿上的美军常常面对高举军刀（这种军刀被美军称为"武士刀"）的日本军官率领的凶猛的冲锋队，他们往往呼喊着"万岁"口号向美军进攻。事实上，一些日本军官确实拿着他们家族几代流传下来的刀。日本军队也善于在夜间渗入美军阵地，这常常造成惨烈的白刃战。海军陆战队在白刃战中使用匕首进行搏斗，具有传奇色彩的卡巴军刀在这个过程中证明了自身的价值。

　　匕首也被突击队和其他特种部队充分地用于战争的各个阶段，并且像美国战略情报局（OSS）和英国的特战执行处（SOE）这样机构的特工也充分使用这种武器暗杀和"无声地干掉"岗哨。毫无疑问，这些武器中最为出名的是赛克斯——费尔贝恩突击队军刀。

柯林斯弯刀

　　美国海军和陆军士兵在穿越太平洋岛屿上茂密的森林时，使用这种 M1942 柯林斯弯刀来砍出行进的道路。这种刀的刀刃长 46 厘米，它取代了之前的 56 厘米长的军刀，分发给热带地区的美军。

德国的砍刀

　　这种刀并非是战斗武器，而是为医疗人员使用而制造的实用刀。这把二战时的德国刀的刀刃上有两排锯齿，刀刃的顶部可以作为一个螺丝刀。

俄国战刀

　　一把二战时期的俄国战刀。和许多苏联武器一样，这把红军使用的战刀简洁，结实，制造成本便宜，制造数量巨大。

赛克斯－费尔贝恩军刀

赛克斯－费尔贝恩突击队军刀是二战时期最著名的军刀之一，它被美军和美国特种部队广泛使用。这种刀是两个搏击高手发明的，它是一种重量较轻的不锈钢武器。这把细长的19厘米长的军刀专门设计用来刺入对手的肋骨之间。

W.E.费尔贝恩和埃里克·赛克斯

当威廉·埃瓦特·费尔贝恩在20世纪早期作为一名警官在中国的上海服役时，他成为第一名精通亚洲格斗术的西方人。费尔贝恩和他的同事埃里克·赛克斯一起，使用各种混合在一起的白刃格斗术（他们将其称之为"格斗系统"）训练警局的警官。当第二次世界大战爆发时，赛克斯和费尔贝恩被召回英国，在那他们开始将他们的"格斗系统"传授给新组建的突击队。在这段时期内，两人设计了著名的、以他们的名字命名的匕首形军刀。随着美国参加二战，费尔贝恩离开英国，前往美国训练美国战略情报局的特工；赛克斯则继续待在英国，在英国的特战执行处和秘密情报局（SIS）供事。

"卡巴就在这。"

——广告标语

卡巴军刀

这种军刀是美国海军官方使用的战刀——马克Ⅱ，但是在它的制造商——联邦刀具公司推出了它的广告标语之后，它又被普遍称为卡巴。卡巴是第二次世界大战期间美国海军陆战队的官方战刀。它以质地坚硬而知名，这使它除了成为一种格斗武器外，还是一种实用性能优越的军刀。

轴心国的手枪

由于左轮手枪的设计已没有多少改进的空间，两次世界大战期间，自动手枪成为大多数国家军队标准辅助武器。苏联采用了托加列夫手枪，伟大的武器专家伊恩·豪格将它描述为"带有独特的俄罗斯风味的柯尔特 M1911"。在日本，8毫米口径的、南木系列的自动手枪（以帝国最为优秀的武器设计师南部麟次郎上校的名字命名）开始使用。二战期间，在德国军队中，沃尔特尔 P38 手枪逐渐取代了鲁格尔手枪。

CZ27 自动手枪

德国设计的捷克斯洛伐克 1927 式（CZ27）改进型手枪是一种直线型的，使用气体反冲式原理的 9 毫米口径的自动手枪，它装有一个 9 弹装的弹匣。在占领捷克斯洛伐克之后，德国将这个国家优秀的武器工业转为已用。

南木 M94

许多枪械专家都认为臭名昭著的南木 94 型自动手枪是现代最差的军用手枪。这种手枪的击发装置设计如此之差，以至于如果任何压力置于其上，手枪就会突然走火。除此之外，这种手枪大多数都是在二战末期制造的，此时盟军的轰炸已经摧毁了日本的武器制造工业，因此这种武器的材料和手艺都极差。

南木 M14

南木 M14 型手枪之所以如此称呼，是因为它首次制造于 1925 年——裕仁天皇统治的第 14 年，这也是日本其他一些武器命名的习惯。这种 8 毫米口径的自动武器是二战时日本主要的军用手枪，但是由于日本的军官要私人购买这种武器，因此它有许多样式出现在军队中。

带有鼓式弹匣的鲁格尔手枪

　　虽然沃尔特尔 P38 手枪在很大程度上取代了鲁格尔手枪，成为标准的德国军用手枪，但是后者在二战中仍然被大量使用。这把特殊的手枪（装有 32 弹装的鼓式弹匣）是 1943 年 5 月，盟军占领北非城市突尼斯后，从一名德国将军处获取的。由于常常会卡壳，它所谓的"蜗牛弹匣"并没有获得广泛使用。

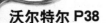

沃尔特尔 P38

　　这种 9 毫米口径的 P38 是对卡尔·沃尔特尔 20 世纪 20 年代开发的PP（警用手枪）系列手枪的军用改装，20 世纪 30 年代它被德国国防军采用，来取代更为昂贵和复杂的鲁格尔手枪。P38 的枪机被设计成总是处于保险打开的状态，它可以同时保持射击或准备射击的状态。这是军用手枪的一种很令人满意的特点。

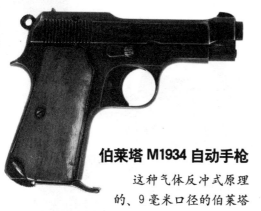

伯莱塔 M1934 自动手枪

　　这种气体反冲式原理的、9 毫米口径的伯莱塔M1934 自动手枪是意大利军队在 20 世纪 30 年代的非洲战争和二战时期的标准辅助武器。M1934 自动手枪主要配备给军队。一种 7.65 毫米口径的 M1935自动手枪主要是由意大利的海军和空军使用。

伯莱塔的房子

　　1526 年威尼斯共和国和加多纳的枪械工匠巴尔特罗梅奥·伯莱塔签订了生产大批轻型火绳枪的合同。这笔交易是一个持续了将近 500 年的枪械制造王朝的开端。现在的皮埃特罗·伯莱塔武器公司仍然主要是由巴尔特罗梅奥的后人所有和经营。这个公司在质量高和设计优秀方面的声誉已经使它成为世界上最知名的军用、警用和体育枪械制造商。它制造了从短枪到突击步枪的每一种枪，伯莱塔的手枪受到极高的重视。这里要特别强调，1985 年美国军队采用了 9 毫米口径的伯莱塔 M92SB/92F 作为它的标准辅助武器，取代了陈旧的 11.43 毫米口径的柯尔特M1911。

盟国的手枪

　　美国军队继续使用柯尔特 M1911，并且一直使用到战争结束的 40 年后。虽然大批的勃朗宁高威力 9 毫米口径的自动手枪被发放给英国军队，英国在二战期间继续大量地使用韦伯利左轮手枪。

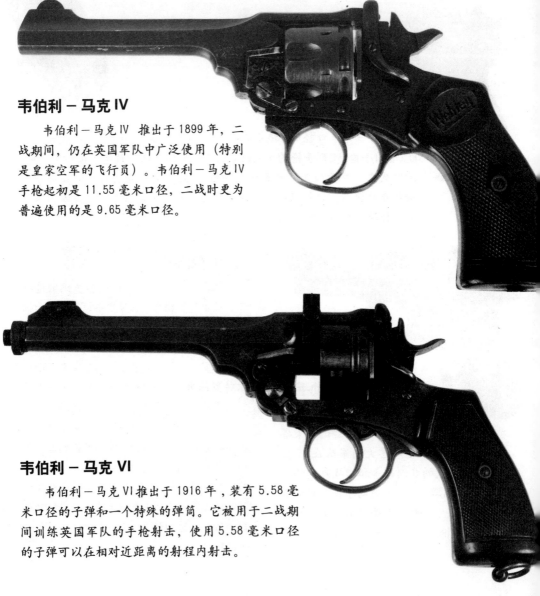

韦伯利－马克 IV

　　韦伯利－马克 IV 推出于 1899 年，二战期间，仍在英国军队中广泛使用（特别是皇家空军的飞行员）。韦伯利－马克 IV 手枪起初是 11.55 毫米口径，二战时更为普遍使用的是 9.65 毫米口径。

韦伯利－马克 VI

　　韦伯利－马克 VI 推出于 1916 年，装有 5.58 毫米口径的子弹和一个特殊的弹筒。它被用于二战期间训练英国军队的手枪射击，使用 5.58 毫米口径的子弹可以在相对近距离的射程内射击。

瑞典 M40 手枪

当二战的爆发使德国延缓了沃尔特尔HP手枪的出口时，曾经使用这种手枪的中立国瑞典已经采用了自己生产的军用手枪。瑞典政府向来自芬兰的枪械设计师阿罗默·拉赫提颁发了这种1935年设计的手枪的生产许可证。这种曾经在瑞典军中服役的9毫米口径的M40手枪，看起来像鲁格尔手枪，但是却使用了看起来更接近伯格曼－巴亚德手枪的射击装置，它还增加了一个后座来确保枪机在寒冷的环境下正常地运行。

托加列夫手枪

托加列夫手枪是由腓多·托加列夫（一个前沙俄军官，后来成为苏联的枪械设计师）开发的，它推出于20世纪20年代晚期，并在几年后成为标准的红军辅助武器。它又被称为TT（来自"图拉－托加列夫"，图拉是苏联主要的兵工厂之一）。它的射击装置从根本上而言，是对约翰·勃朗宁的柯尔特M1911.45手枪的模仿，它装有7.62毫米口径的子弹。这种手枪最初的型号是TT30，后来被这里展示的TT33所取代。

韦伯利 7.65 毫米自动手枪

虽然韦伯利＆斯科特公司的左轮手枪最为知名，但是它在几年内也生产了几种优质的自动手枪。这把7.65毫米口径的手枪是专门为伦敦市警察局（在传统意义上，他们并不持有枪械）制造的，用于在1939年到1941年那段黑暗的岁月中，防止德军侵袭的50把手枪当中的一把。当时英国实际上单独在和纳粹德国作战。

二战时的步枪

　　当二战只是在欧洲爆发时，美国就已经采用了半自动步枪——M1 加仑德作为它的标准步兵武器。然而，当其他国家的军队在现代战争中意识到短距离的高速射击常常要比长距离的准确性更为重要时 ，新的步枪的射速加快了。1942 年，德国为他的空降部队开发了 7.92 毫米口径的伞兵步枪，它既可以单发射击，又可以作为完全意义上的自动步枪射击。两年后出现了 MP44，这是另外一种 7.92 毫米口径选射式武器，意在将步枪、冲锋枪和轻机枪的功能结合在一起。一种真正具有革命意义的步枪，MP44 的另外一种设计样式——Sturmgewehr（德语“突击步枪”），带来了一种全新的武器的名字：突击步枪。

M1 卡宾枪

　　在二战的前夕，美国决定开发军官和军士、装甲兵、军用卡车司机，以及辅助人员使用的“中间型”武器。这是一种要比 M1 加仑德步枪更为简洁，但是在战斗中要比 M1911 手枪更为有效的武器。最终出现的是 M1 卡宾枪，一种轻型的（2.5 千克）、半自动的、发射特殊的 7.62 毫米口径子弹的武器。M1 之后紧接着是 M2，它既可以是全自动射击，又可以是半自动射击。它是一种带有着地式枪托的 M1 卡宾枪（这里展示的 M1A1），主要是为空军开发的。虽然在 20 世纪 50 年代停产之前，有大约超过 600 万这样的卡宾枪被发放到军队，但是它在战斗中的表现却有好有坏。这种武器在欧洲的巷战中和太平洋的原始森林中，证明是很方便的，但是许多人认为它太过于精细，威力像手枪子弹的 7.62 毫米口径的子弹性能太差。

日本的三八式

　　这种 16.51 毫米口径的，使用栓式枪机的步枪推出于 1905 年——明治天皇统治的第 38 年，由此得名三八式。直到 34 年后九九式步枪引入之时，这种步枪一直是日本标准的军用步枪。这种步枪也有卡宾型。

争者，在 1936 年时，被美国军队采用。海军陆战队也采用了这种步枪，但是这种步枪的缺陷还是使得陆战队士兵在二战中打的第一仗使用的是栓式枪机的 M1903 式斯普林菲尔德步枪，而不是这种步枪。在战争中，M1 加仑德步枪使美军具有很大的火力优势。乔治·巴顿将军将这种步枪描述成"至今所设计的最伟大的战争工具"。

直到朝鲜战争期间（1950～1953 年），M1 加仑德仍然是美国标准的步兵武器。 20 世纪 50 年代中期，M14 取代了它，M14 从根本上而言是一种选射型的 M1。作为政府的雇员，加仑德并没有依靠他所设计的枪械而发财，虽然美国最终生产了大约 600 万件他所设计的武器。但是一项奖励加仑德 100000 美元的提案在议会中未获得通过。加仑德 1974 年死于马萨诸塞州。

约翰·加仑德

约翰·加仑德 1888 年出生于魁北克。当他还是个孩子时，他和他的家人搬到了新英格兰，在那，他在一家纺织厂和几个机器车间工作。然而，他所热衷的是武器设计，一战期间，他向美国军队提交了他设计的一种轻机枪。这种轻机枪被采用，但是投入生产太晚，并不能在军队中服役。他突出的天赋使他获得了马萨诸塞州斯普林菲尔德国立兵工厂的工程师一职。20 世纪 30 年代早期，他又开发了燃气驱动的、8 弹装的、7.62 毫米口径的半自动步枪。这种枪击败了其他竞

M1 加仑德

尽管 M1 加仑德在战场上取得了毫无争议的成功，但它并非没有缺陷。这种步枪的弹匣只能通过 8 弹装的剥离弹夹来给弹，因此在战斗中，它不能将单个的子弹插入弹匣中完成射击。当弹夹内的子弹耗尽时，伴随着很特别的"当"的一声，弹壳被退出来。这一声音会向敌人暴露射击者的位置。

曼里契－卡萨诺卡宾枪／加仑德发射装置枪

一把二战时极其罕见的步枪，它是 6 弹装的卡宾枪和加仑德发射枪的复合品。虽然世界大战时，大多数步兵步枪可以通过装在枪管内的雷帽发射加仑德步枪的子弹，但是这种步枪在枪身的右边装着一个固定的加仑德步枪的发射装置。

世界大战时代的礼仪武器

20 世纪初的时候，刀剑在战场上不再有任何的实用性（至少是在西方世界），它们越来越蜕变成一种礼仪的角色，不过依旧是（就像它许多个世纪以来的那样）军官权威的象征。其他一直延续到 20 世纪的纯粹礼仪武器包括：军官的斯威格轻便手杖和地面指挥员的指挥棒。另一种延续到二战时代的习俗是礼仪武器要赠送给获得荣誉的，取得胜利的指挥官（常常是装饰华丽的刀剑）。

集权的象征

法西斯独裁者贝尼托·墨索里尼（1922 年在意大利掌权）和阿道夫·希特勒（德国纳粹党的头子，1933 年在德国掌权）对于大众的心理和宣传手段的使用具有天生的直觉。除了使用大众集会、鼓舞人心的电影，以及其他宣传手段以外，意大利的法西斯和德国纳粹都使用具有象征意义的武器作为培育国民狂热的军国主义精神，以及将国民和集权国家更为紧密结合在一起的工具。

普遍使用的武器是精致的礼仪刀具，特别是匕首。在纳粹德国，每个军队部门，准军事的群体，像希特勒青年党这样的政党组织，甚至像警察局和消防队这样的市政机构，都有自己独特的刀或匕首和制服搭配。这些武器常常刻有"爱国"的座右铭，例如，希特勒青年党佩带的刀上就刻有"鲜血和荣誉"的字样。虽然最终打败了意大利和德国的同盟国（苏联、美国和英国）并不迷信刀剑，但是他们的领袖也偶尔会承认刀剑作为勇气和军事威严的象征所扮演的角色。例如，在 1943 年的德黑兰会议期间，英国首相温斯顿·丘吉尔就代表英国国王乔治五世和英国人民赠送给苏联领导人约瑟夫·斯大林一把订制的极其华丽的剑——斯大林格勒（今名伏尔加格勒）之剑以纪念苏联在这场伟大的战役（斯大林格勒保卫战）中获得的胜利。

墨索里尼刀

这种钩剑（传统的埃塞俄比亚弯刃刀）在意大利 1936 年征服了埃塞俄比亚（或者是阿比西尼亚，这是那个时代的另一种称呼）后，被赠送给贝尼托·墨索里尼。这位独裁者实际上是一位狂热的击剑手，他喜欢剑术，据说年轻时曾经进行过决斗。

戈林指挥杖

　　指挥杖是陆军元帅（在许多国家是最高的军衔）的传统象征。这根指挥杖的头部有帝国元帅赫尔曼·戈林的头像。他是德国空军的司令，希特勒主要的副手之一。戈林极其珍爱这根装饰极为精美的指挥杖。

德国军官剑

　　这把德国军官剑是从20世纪初叶至整个二战期间德国军队标准的正装剑，它的剑刃是单刃的，有82厘米长。这种剑大多数都是由索林根州威斯特伐利亚市的工厂制造的，这个城市自14世纪晚期以来，一直以铸造精美的刀剑而闻名。

纳粹劳工服务局使用的刀

　　纳粹德国在1934年组织了德国劳工服务局来为公共建设工程提供劳动力。这个组织后来就成为德国国防军的一个附属服务机构。德国劳工服务局的军官们持有一种更小的，带有装饰的砍刀，并将其分发给登记在册的劳工。这里展示的这把带有鹰形刀把的砍刀是由索林根州著名的艾克洪公司制造的。

空军／陆军军用匕首

这些匕首是德国空军（左边的 1937 式匕首）和国防军军官（右边匕首）以及德国海军军官佩带和使用的匕首。一些海军军用匕首有一个饰有帝国之鹰和纳粹十字记号的刀柄圆头。

空军军用剑

德国空军军官正装剑在它的剑柄圆头和剑柄的根处有一个纳粹的十字标记。这里展示了一把带有剑鞘的剑。

希姆莱步枪

　　这把步兵步枪是为党卫军（纳粹党的军队）的头子——海因里希·希姆莱（权力最大的纳粹领导人之一）订制的。这把使用杆式枪机的步枪仿制于传统的德国猎枪，它发射7.7毫米口径的子弹。

党卫军的冲锋队（SA）匕首

　　这里展示的这把匕首上刻有"为德意志付出一切"的字样，它由党卫军的冲锋队（SA，纳粹党的准安全部队）队员佩戴。

德国警用刺刀

　　这把德国警用刺刀的刀柄是一只鹰的形状（从一战结束到1933年第三帝国之间的魏玛共和国的象征）。

意大利法西斯党的佩刀

　　只有意大利的法西斯党（1922年掌权，到二战期间独裁者本尼托·墨索里尼被推翻）成员才能拥有这种刀。这里展示的是一把带有刀鞘的刀。

美国军官刀

　　美国军队1902年采用了这里展示的这种马刀，作为军官和高级军士的礼仪刀。

二战时的机枪

除了应用于步兵外，第一次世界大战中，机枪也被装在了飞机（也常常在地面使用机枪向飞机射击）、装甲车和坦克上。在两次战争期间，武器设计者甚至开发出威力更为强大的机枪，像约翰·勃朗宁12.7毫米口径的M2，它发射的是旧的"可口可乐瓶"大小的子弹。然而，在一战结束前，几个国家就已经开始努力将机关枪改造成单个步兵就可以持有的武器。

到第二次世界大战之前，这些改造的机枪包括英国的布伦式轻机枪和美国的BAR（勃朗宁自动步枪）。这些武器的典型特点是弹匣给弹，但是纳粹德国的国防军以一战时的经历为基础，制造出了带式给弹的机枪——7.92毫米口径的MG42（二战期间步兵班的基础）。二战后"陆军班用自动武器"的概念演进为诸如越战时代美国军队的M60和当代的M249这样的枪，后者是以比利时的设计为基础制造的。

日本的飞机炮

当英国皇家空军（RAF）和美国空军（USAAF）为他们大多数的战机和轰炸机装备了机关枪时，其他国家的空军则更加偏爱自动火炮（通常发射20毫米口径的炮弹而不是子弹的武器）。诸如这里展示的这件日本产的20毫米口径的飞机炮。

德国 MG42

这种7.92毫米口径，带式给弹的德国MG34和它的战时替代型——MG42，由于功能多样而异常突出，它是二战中最为有效力的武器之一。由于装上了双脚架，它们可以在实战中扮演辅助步兵的角色。而装有三脚架的武器，则被证明为是一种优秀的防御武器，这些武器可以装在坦克和其他交通工具上。MG系列的高速射击（高达每分钟射击1200发子弹），和独特的声音使得盟军给它们起了个绰号"希特勒的拉练"。

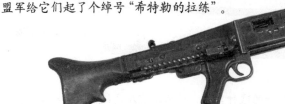

勃朗宁 M2

一战期间，约翰·勃朗宁设计了这种飞机上使用的 7.62 毫米口径的机枪。虽然这种机枪被命名为 M2，但是它没有及时地在战争中服役。这种武器被美国空军军团（后来的美国空军）一直使用到二战早期，随后被更为可怕的 12.7 毫米口径的 M2 大规模地取代。

勃朗宁自动步枪

这种气体作用方式的 7.62 毫米口径的勃朗宁自动步枪(BRA)是另一种勃朗宁枪型，它引入于 1918 年，由于时间太晚，在一战时只获得有限的使用。它可能一直在美国军中服役（经过几次改进），直至朝鲜战争期间（1950 ~ 1953 年）。在大多数方面而言，它都是一种优秀的武器，既可以完全自动射击，又可以在一个有经验的使用者手中，进行单发射击。它的缺点在于它的重量（8.9 千克）和只有 20 发子弹容量的弹匣。

"为什么上帝总是需要一挺机关枪呢？"

——E.M. 福斯特

《德国对德国人民做了些什么》 1940 年

二战时的冲锋枪

随着西线的战局进入血腥的胶着状态，交战国的士兵们开始承认标准步兵步枪的缺陷——它的长度、重量，以及最为重要的是，它相对较慢的射击速度。因此，受到成功的机枪的启发，武器设计者们开发出冲锋枪。这种步兵使用的枪械可以从臀部或肩部进行射击，也可以在近战中迅速释放出大量的火力。在两次世界大战之间的阶段，冲锋枪进一步被改装，它在二战中表现优越。甚至当今天突击步枪在很大程度上已经包括了它的性能时，冲锋枪仍然在反对恐怖主义和其他特殊任务中发挥着作用。

冲锋枪的出现

意大利军队在1915年引入了原型冲锋枪，但是开发这种武器的地位应该属于德国，它在3年后采用了由胡格·施梅塞开发的伯格曼MP18/1。这种气体反冲式武器发射的是稍微改进的、鲁格尔手枪使用的、9毫米口径的帕拉贝伦子弹。MP18/1最初使用的32弹装的"蜗牛鼓式"弹匣也是由鲁格尔开发的，但是战后的冲锋枪却使用了装在边上的盒式弹匣。MP18/1出现得太晚，数量太少，无法改变德国在西线的命运。大约在同一时间，伯格曼机枪也正在开发之中，美国军队的上校J.T.汤普森设计了当代具有传奇色彩的、以他的名字命名的机枪，但是当第一批汤普森机枪正准备启运时，一战停战的协定已经签署了。

第二次世界大战

及其之后的阶段

斯特恩式冲锋枪

斯特恩式冲锋枪和它的许多改装型，结构简单，制造方便，他们是英国和英联邦军队在整个二战期间使用的最主要武器。它的名字来源于

它最初的设计者——英国恩菲尔德国家兵工厂的R.V.谢巴德和H.J.杜宾。这种9毫米口径的、气体反冲式冲锋枪（它通过一个装在外边的、32弹装的、可拆卸弹匣给弹）从诺曼底到新几内亚岛的战役中都获得了使用。这种澳大利亚的冲锋枪又被称为"奥斯特恩"，意思是"澳大利亚的斯特恩"。

大多数国家在二战之前都采用了某种形式的冲锋枪。虽然军界中的保守者常常嘲笑这种武器"廉价而肮脏"，抱怨它相对缺乏准确性和"阻力"（那时大多数冲锋枪发射的是手枪子弹，而不是步枪子弹，后者对于冲锋枪的射击装置而言威力太过于强大）。然而，这种武器在二战的各个时期都证明了自身的价值，尤其是在欧洲的巷战和太平洋岛屿上的近距离作战中。

苏联尤其钟爱这种武器，它生产了几百万件PPSh41/42/43型冲锋枪，甚至用它们装备整个连队。虽然与德国的MP40这样的冲锋枪相比技术上显得粗糙，但是苏联的PPSh系列在东线恶劣的条件下还是很结实和可靠。它可以让接受训练很少的红军战士很容易地使用，并且能够迅速而廉价地生产。中国仿制这种冲锋枪，像50型冲锋枪，在朝鲜战争（1950～1953年）中获得了广泛应用，由于这种枪的声音独特，美国军队将它们称为"打嗝枪"。

罗杰斯冲锋枪

这把美国的11.43毫米口径的罗杰斯冲锋枪（得名于它的设计者尤金·罗杰斯）是一种二战时期美国海军陆战队使用的选射式、延迟反冲作用原理的武器。罗杰斯冲锋枪有木制枪托或者可折叠的金属枪托（这里展示的这把冲锋枪），它的锁式后膛射击系统对于尘土和潮气所造成的污垢极其脆弱，因此这种射击系统在瓜达康纳尔岛和其他岛屿上的丛林战中并没有发挥出效力，因而并不受到士兵们的欢迎。

MP44

这种冲锋枪官方称为MP1944式，又称为1944式突击步枪。在二战接近残酷的尾声时，它代表了小型武器技术的最前沿。这种气体作用原理的、选射式武器使用了较短的库尔茨7.92毫米的德国标准子弹，通过一个可拆卸的30弹装的弹匣给弹。虽然称为1944式，但是第一批这种武器在1943年就配备给军队。苏联的AK47（世界上最流行的突击步枪）是从它发展而来到的。这里展示的这把MP44带有一根特殊的弯曲枪管——它对于隐藏在街道拐角处，进行巷战射击是很有帮助的。

二战时的专业化武器

二战中特殊的战场条件需要专业化的步兵武器。作为主要的战场武器，坦克的出现导致了可以使步兵对付敌军装甲车的火箭驱动武器的出现。在东线苏联与纳粹德国的残酷战场上，双方军队都将配备了特殊的改装步枪的狙击连队派上战场。虽然二战中无线电通讯获得广泛使用，但是当无线电通讯中断时，古老的信号手枪继续被用于发射信号。二战中，纳粹德国的战俘营和集中营也使用了一种更为残酷的武器。

狙击手

二战时许多军队都使用了狙击手进行远距离射击杀死敌人。这些射手大多数都使用了传统的栓式枪机步枪或配备着瞄准镜的民间猎枪。苏联红军尤其钟爱狙击；"获得最高分"的狙击手（有一些是妇女）就会举国闻名。最著名的苏联狙击手，翁瓦西里·柴瑟夫（1915～1991年）曾经击毙了225名敌人。在斯大林格勒保卫战中，柴瑟夫据说击毙了一名专门被派到这个城市对付他的德国国防军的顶级射手。这场决斗成为大卫·罗宾1999年的小说《老鼠的战争》和2001年的电影《兵临城下》故事情节的主要基础。柴瑟夫和他的同伴狙击手们使用的是标准的莫辛－纳甘步枪，这种步枪直到20世纪60年代仍然在苏联和他的附属国使用。

反坦克武器出现在一战和两次世界大战期间的岁月中，主要的反坦克武器是反坦克步枪——它是一种威力强大的步枪。它能够发射重量大，可以穿透装甲的子弹。最为出名的这种类型的武器是英国军队使用的13.97毫米口径的男孩步枪和德国军队使用的13.2毫米口径的毛瑟枪。二战爆发后，随着坦克的装甲变得越来越厚，反坦克步枪也越来越无效。美国军队第一个开发出火箭推动的反坦克武器。M1A1"长号"引入于1942年，是一根扛在肩上的管子，它由2个人协作，发射60毫米高爆炸威力的反坦克枪弹。 之所以获得"长号"这个绰号，是因为它看起来就像一个流行喜剧演员演奏的假乐器，

德国狙击步枪

二战期间，德国国防军改装了最初用作民间打猎和打靶武器的毛瑟步枪，供狙击手使用。这里展示的这种8毫米口径的毛瑟步枪装有亨索夫特一对一望远式瞄准镜。一个美国军官在1944年到1945年冬天的凸出部战役中从一名死亡的德国狙击手手中获得了这把特殊的步枪。

德国仿制了这种武器——将它的口径增加到 88 毫米，作为反坦克武器。德国国防军也大批量地使用了一种简单的，一弹装的火箭发射器——铁拳反坦克火箭筒。与此同时英国军队采用的是独特的 PIAT。

德国闪光信号枪

这把二战时的德国沃特尔闪光信号手枪能够发射闪光信号弹，也能够发射催泪弹。它的扳机护弓上的下拉式枪机在枪的后膛开了一个口子。

双枪管德国信号闪光手枪

闪光信号枪不仅用于在地面上发射信号，而且也用于在空中发射信号。例如，向地勤人员发出警报以使他们在飞机着陆前做出准备，或者显示飞机飞行时相关信息的变化。这里展示的一把双枪管闪光信号弹手枪是由德国空军使用的。这种武器有一种"无锤的"设计，当装弹的枪口张开准备装弹时，它的击锤就会扳好，当枪管转到射击位置时，就会自动开启枪的保险。

橡皮警棍

这种橡皮警棍是二战时期的德国秘密警察和党卫军特别行动队使用的武器。这种武器在英国和美国的术语中各自被称为"短棒"和"警棍"。

反坦克炮

英国军队的反坦克炮（单个步兵使用的反坦克炮），首次使用于 1943 年。它是一种不同寻常的武器，这是因为它使用弹簧装填射击系统来引燃相对少的推进弹药，这反过来使得高爆炸威力的反坦克炮弹最远可以打到 100 米。这种反坦克炮的优点是，它和美国的火箭筒不同，它在射击时不会喷涌出一团火焰，从而向敌人暴露出武器使用者的方位。出于同样的原因，反坦克炮也可以在一个狭窄的空间内承担反坦克之外的其他角色，例如，炮对炮的互射。这种武器的缺点是重量沉（15 千克），以及它的 1.4 千克重的高爆炸威力的反坦克炮弹并不能穿透一些德国装甲车（坦克）前面的装甲。

间谍武器

一些最具创新意义，最为迷人的武器是那些为间谍、刺客、情报人员和游击队战士而制造的武器。这些武器可以隐藏，这一点对于使用者极为重要，许多这些武器都被伪装成普通的物品。虽然一些专业的间谍武器早在 19 世纪和 20 世纪早期就已经开始制造，但是它们真正的全盛期却是在二战期间和随后的几十年的冷战期间。

战略服务局和特别行动处

1942 年 6 月，美国建立了战略服务局，这是一个使命不仅包括收集情报，而且还包括执行破坏任务和在轴心国（德国、意大利和日本）占领区援助抵抗运动的机构，它和它的英国同僚——特别行动处，有着紧密的合作。战略服务局从常春藤联盟大学和东海岸的其他"机构"（诋毁者宣称它最初的立场是"如此地具有社会性"）吸收了许多技术人员。它在自己的秘密行动中，使用了各种样式的非比寻常的武器，其中许多是由国防资源保护委员会开发的，像著名的"解放者"单发手枪和从英国借来的武器。

气枪

这种钢笔状的武器，在 1932 年由俄亥俄州的莱克伊利化学公司以"有害气体发射武器"的名字获得了专利，它被用于发射催泪瓦斯。虽然，它通常由执法机构来使用，但是各种秘密机构的间谍也使用了类似的可以释放更为致命化合物的武器。

冷　战

二战让位于冷战后，中央情报局（CIA）取代了战略服务局。中央情报局继续使用战略服务局最具效力的武器之一——5.58 毫米口径的高标准自动手枪。这种高标准自动手枪的样式接近于民用柯尔特伍德森手枪，它装备有贝尔电话实验室开发的消音器。为了遵守中央情报局这个机构"说得过去的抵赖"的规则，这种在中情局兵工厂制造的高标准自动步枪没有任何标记可以显示它的美国原产地。中央情报局也开发了自己设计的非寻常武器，据说，这个机构在一次没有成功的暗杀古巴领导人菲德尔·卡斯特罗的行动中，使用了一种会爆炸的海贝。

飞镖和匕首

这是战略服务局和特别行动处使用的两种武器：飞镖（上面的图）可以通过使用橡皮条的手枪型弩弓射击，而更容易藏匿的手腕匕首则大量地配备给盟军的间谍。

克格勃（战后苏联的秘密警察）有自己的特殊武器制造厂，这些武器中就包括：一种被伪装成口红的 4.5 毫米口径的枪（配给女特工使用），其绰号为"死亡之吻"；一种发射手枪散弹的雨伞，1978 年在伦敦，它曾经被用于暗杀保加利亚持不同政见者乔治·马林科夫；也许最为稀奇古怪的是"直肠"刀——一种可以隐藏在身体内的匕首。

止咳糖盒手枪

据说，二战期间，意大利法西斯政府的一名特工就使用了这种被伪装成一盒止咳润喉糖的手枪，来暗杀在瑞士的美国情报特工（作为中立国，在整个战争期间，瑞士都是特工和阴谋的温床）。要使这种武器发射，暗杀者需要打开盖子，然后在其中一块作为扳机的"止咳糖"上按一下就可以了。

解放者

虽然"解放者"手枪并不是专门为特别行动处制造的，但是这种手枪长期以来一直与这个机构存在（无论是正当还是不正当的）关系。"解放者"手枪结构很简单：它是一种单发手枪，通过一根滑膛枪管发射 11.43 毫米口径的 ACP 子弹。这种手枪由 23 块金属刻片制成，它有一个容纳了 10 发子弹的纸板盒（其中 5 发可以藏在握把的隔室中），一根用于退弹的木棒和一张没有文字说明的、带有连环画的枪械组装说明书。1942 年通用汽车公司的盖德兰比分厂制造了大约 100 万件这种武器。这种武器所有的枪种在打折商店卖到 5 美分到 10 美分的价格后，它获得了"伍尔沃斯枪"的绰号。它的实际成本大约为 2 美元。

"解放者"手枪有效的射程大约为 1.8 米，它确实是一种用来让使用者（如果他或她勇敢或幸运的话）缴获更好武器的武器。这种枪，很显然，是用于发放给轴心国占领的欧洲或亚洲的抵抗者，它们可以用于击杀那些落伍者和岗哨，这样就会缴获他们的枪，然后把这些枪再交到游击队手中。

恰恰是究竟有多少"解放者"手枪在军队中使用，在哪里使用，它的效力如何，这些问题在武器史学家们当中存在激烈的争论。虽然它们可能最初主要用于在纳粹占领的欧洲发放，但是在菲律宾和日本作战的游击队很明显使用了一些"解放者"手枪，并达到了很好的效果。

在 20 世纪 60 年代早期，美国中央情报局开发出一种被称为"鹿枪"的枪械（一种 9 毫米口径的武器，美国将它们发放给南亚的反共产主义游击队），从而重新提出了无掩饰的单发手枪的概念。

化学战与生物战

　　化学与生物媒介在战争中的使用，无论是打击敌人，杀死动物，还是平民，都要回溯到古代。尽管这些武器激发出人们的恐惧，但是它们已经被证明还是难以有效地使用，这是因为孢子（和其他可以引起炭疽热的化学物质一样）和生化毒素（例如，肉毒杆菌毒素，它可以引发波特淋菌中毒），以及其他媒介常常会无法预知地分散传播，对"进攻者"而言，这一点和对"防御者"一样都是可以致命的。而且，21世纪的恐怖组织或"无赖国家"也极有可能使用这些武器（至少具有理论上的可能性，这会造成百万人死亡）。

早期的生物战

　　箭和其他抛射武器蘸上毒蛇蛇液或其他植物制成的毒药，可能是最早的化学武器。它们被用来打猎和作战，一直延续到现代，例如，南美雨林中的土著人就使用涂着植物制成的箭毒（它可以引起呼吸麻痹）的箭头。长期以来，人们也知道将排泄物放在伤口上会造成感染和死亡。在20世纪，越南游击队员们曾经使用涂有排泄物的"尖头长钉"和其他"陷阱"来打击法国和后来的美国敌人。

西方世界首次记录的大规模细菌战可能是在公元前5世纪，希腊的雅典城邦和斯巴达城邦之间爆发的伯罗奔尼撒战争期间。历史学家修昔底德（公元前460～公元前404年）记载了公元前430年左右，"瘟疫"是如何杀死许多雅典人的，他将这场瘟疫归因于斯巴达人对井水下了毒药。然而，现代研究已经提出，这场瘟疫有可能是埃博拉病毒的变异，是雅典人自己无意中从非洲带来的。后来在罗马和迦太基争夺地中海霸权的战争中，迦太基海军（公元前247～公元前183年）的水手们据说曾经把装有毒蛇的坛子扔到罗马战舰的甲板上。

中世纪有许多关于进攻者使用弹弓将患病的人、马和其他动物的死尸抛入城堡或城防坚固的城市来传播疾病的记载。许多历史学家认为，当搭乘着来自卡法（一个威尼斯人的贸易港口，在现在的乌克兰，它曾经遭受过土耳其的进攻）的贸易商的船在1347年首次到达意大利时，黑死病被传入到欧洲。他们带来了感染了瘟疫的跳蚤的老鼠，最终引发的"黑死病"造成了大约1/4到1/3的欧洲人口死亡。

现代生物战

最为臭名昭著的有意识的生物战争出现于英国和印第安人的战争（1754～1763年，在欧洲又被称为七年战争）之后，这场战争使得英国控制了北美的大部分地方。当北美本地的土著人领袖庞蒂克领导了一场反对英国统治者的起义时，在福特皮特（现在宾夕法尼亚州的匹兹堡），英国军官杰弗里·阿默斯特先生安排将基地的天花病人使用过的一块毯子送给了本地的土著美洲人。无论是不是偶然，天花传染病很快在整个地区开始蔓延开来。

生物武器在世界大战，尤其是冷战中的使用，仍然存在争议。在一战中，据说一名德国特工曾经试图在罗马尼亚引入骑兵战马中传播的炭疽热。第一次世界大战中的双方也以毒气的形式进行了化学战争。

1972年对细菌战危险的关注使得各国签订了一个禁止制造和使用生物武器的国际公约。到20世纪80年代，超过100个国家已经签署了这项文件，虽然有人怀疑仍然有许多国家在进行这项研究。

在20世纪80年代，伊拉克前总统萨达姆·侯赛因使用了化学武器来打击国内的少数民族库尔德人，在两伊战争中（1980～1988年）也用它来对付伊朗军队。

在1988年，多达5000名库尔德人可能死于一种化学武器的攻击。害怕伊拉克正在开发包括生物武器在内的"大规模杀伤性武器"是2003年美国和其他盟国军队入侵伊拉克的主要理由。

由于化学和生物武器制造成本相对低廉，它们有时也被称为"穷人的武器"，因此，对于恐怖组织，它们同样具有吸引力。

二战后的武器

　　二战后的几十年，枪械方面意义最大的发展是突击步枪数量不可思议的增长，尤其是 AK47。批评家们曾经指责这些便宜但却具有致命杀伤力的武器的大量生产加剧了世界上最穷的地区（例如，撒哈拉沙漠以南的非洲）正在发生的民间的、政治的和种族的冲突。最近几十年，民间和军事工程师正在试验"无壳"子弹，和火箭式推动装置来取代传统的子弹和射击系统。然而，大多数当代的枪械仍然以几十年前，甚至是 19 世纪推出的枪械样式和系统为基础（虽然现在的枪械较之过去已经高度发展）。2001 年的"9·11"事件表明，在 21 世纪，甚至最简单的武器——纸盒刀和陶瓷刀，仍然可以造成灾难性的后果。

步兵武器

　　二战后最为成功的步兵武器是 AK47，以它的主要设计者——卡拉什尼科夫的名字命名。由于结构简单，没有多少可动机件，这种步枪使得相对训练不足的军队和游击队员都可以较为轻松地维修与使用。AK47 在 21 世纪获得了普遍应用，到这本书写完为止，多达 100 万件这种武器和它的改装型被制造出来。

　　战后大多数国家的军队都采用了选发式突击步枪，大多数这种武器（像比利时 1950 年推出的，并被 50 多个国家采用的 FN FAL）都装有 7.62 毫米口径的子弹。美国是个例外，它在 20 世纪 60 年代中期采用了 5.56 毫米口径的 M16 步枪，这种步枪以尤金·斯通纳设计的阿玛利特步枪为基础。在最近的几年中，许多军队都采用了使用更小子弹的步枪。这种步枪是"无托结构"样式，它的弹匣和枪机被置于扳机护弓的后面。正如突击步枪是从二战时德国发展而来的一样，现在许多军队使用的弹带给弹的陆军班用自动武器也是由德国的 MG42 发展而来的。

AK47

　　也许 AK47 最伟大的优点是它在恶劣的战争条件下的可靠性：在越南战争期间，据说越共游击队员找到藏在沾满泥的稻谷中多日的 AK47 后，它仍然可以很好地射击。与之相比，美国的 M16——虽然属于技术上更为先进，在某些方面更为致命的步枪，但是必须小心翼翼地保持干净以防止堵塞。这里展示的是中国制造的 AK47。

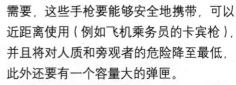
手　枪

　　直到 20 世纪 70 年代，恐怖主义的兴起导致新一代自动武器（大多数装 9 毫米口径子弹）的发展之时，手枪的设计还稍显滞后。为了满足执法机构和反恐部队的

需要，这些手枪要能够安全地携带，可以近距离使用（例如飞机乘务员的卡宾枪），并且将对人质和旁观者的危险降至最低，此外还要有一个容量大的弹匣。

　　最早满足这些标准的手枪之一是德国赫克勒－科赫公司制造的 VP70，它也是第一把塑料结构的手枪。1983 年奥地利的格洛克 AG 公司推出了第一把极为成功的格洛克系列自动手枪，它的弹匣容量高达 19 发子弹。格洛克手枪主要是由塑料制成的，这使得人们害怕它会穿过金属探测器，但是这些担忧已经证明是多余的。

韦斯顿微型手枪

　　虽然汤姆·韦斯顿也许是 20 世纪最为知名的微型枪的制造者，但是关于他的生活经历的内容却是不完全的。这位墨西哥城的居民很明显是一位杰出的古董枪械收藏者和出售者，20 世纪 30 年代，他成为墨西哥城的一名制造微型、但功能齐全的手枪工匠。这些独特的手枪（主要是 20 世纪 50 年代和 60 年代制造的），是武器珍品收藏家值得骄傲的收藏品。这里展示的是一把 2 毫米口径的"改良"单发手枪。

M.T. 卡拉什尼科夫

　　米凯尔·季莫费耶维奇·卡拉什尼科夫，1919 年出生于西伯利亚的库尔耶拉。他没有受过正规的技术教育，相反作为一名铁路"技术员"，他却得到了手把手地训练。1941 年当他作为一名红军的坦克指挥员严重受伤后，卡拉什尼科夫开始在康复期间继续从事武器设计。他设计了许多冲锋枪，但是此时红军已经有了性能优越的冲锋枪，因此，它们并未得到采用。卡拉什尼科夫随后将他的才智转向开发一种已知的武器，苏联的术语是"Automat"，它和德国人首创的 MP44 突击步枪具有相同的概念。德国武器设计师胡格·施梅塞和他的一些同事在二战末期被俘获，并暂时征入到苏联的军事服务部门，他们可能对卡拉什尼科夫的工作做出了贡献，但是这一点仍存在争议。1947 年卡拉什尼科夫自动步枪 AK47 式初次登场，苏联红军在 1951 年采用了这种武器。卡拉什尼科夫被提升至苏联军队武器总设计师的地位，此外，他也生产了其他一些武器，诸如 5.54 毫米口径的 AK74，他赢得了苏联以及后来的俄罗斯的每一项可能的奖项。2004 年，他同意推出了以自己的名字为品牌的伏特加酒。到这本书出版时，卡拉什尼科夫仍然在世。

温彻斯特 70 式

从 1936 年到现在，这种使用栓式枪机的温彻斯特 70 式步枪，制造了多种口径（从 5.58 毫米口径到 11.63 毫米口径）和样式型号，它被认为是各个时代最为优秀的运动步枪。

SKS 卡宾枪

二战期间苏联武器设计师谢尔盖·希曼诺夫开发出一种发射"短"型的、7.62 毫米口径的、苏制标准子弹的半自动步枪。最终的产品是 SKS-45 卡宾枪，这是一种气体作用原理的武器，它通过一个 10 弹装的盒式弹匣装弹，它的特点是有一把折入前托的完整的刺刀。SKS 是一种极为成功的武器，在它被 AK47 大规模地取代之前，曾经在中国和其他国家大批量地制造。

击剑用的重剑

使用剑进行战斗的传统在击剑运动中得到延续，现代形式的击剑是与 1896 年希腊雅典的第一届现代奥林匹克运动会结合在一起的。这项运动使用了 3 种剑——重剑、花剑和佩剑。重剑（例如这里展示的 12 世纪中期的美洲重剑）以欧洲 17 世纪和 18 世纪的决斗剑为基础，它有 90 厘米长的剑刃。

附录：术语表

B

扳机　枪机的零件，由射击者用手指向后扣动，来使武器开火射击。

钣金甲　由重叠在一起的金属片制成的私人盔甲。

半月弯刀　对所有原产于中东的曲刃弯刀的称呼。

保险　枪机的零件，用于防止偶然的走火。

匕首　用于戳刺的短刀。

步枪　通常指一种滑膛的、抵在肩上射击的步兵武器，它在西方一直使用到来复步枪在 19 世纪广泛引入之时。

D

达拉枪　即达拉亚当凯尔的工匠制造的枪。

单枪机　一种在每次射击前，不得不用手扳好枪锤的左轮手枪。

弹夹　插入枪中的装有许多子弹的弹条。

弹丸　子弹的同义词。

弹匣　枪械给弹以便于进行射击的枪件之一。步枪中，弹匣常常通过弹夹装药（装弹）。

刀柄圆头　刀或剑上结状的凸出物。

刀鞘　一种装刀的容器。

德里格　由亨利·德林格最初制造的武器，其仿造枪的名称是德林格。

德林格　短的、极其简单、可以隐藏的手枪。

底火　子弹的零件，当它被撞针击打时，就会点燃主火线。

F

反曲刀　一种尼泊尔战刀。

斧耙　在一根棍子上有 3 个拉长的金属尖头。

G

杆式枪机　枪械使用的一根杠杆，被射击者用来先是向下按着又向上推动来装弹和退出子弹。

H

后坐力　当枪射击时产生的向后的压力。

后坐力驱动　一种使用回坐力驱动枪机的半自动或全自动枪。

虎爪　一种印度的带爪匕首，有3个到4个弯曲的刀刃。

护手钩　刀或剑上垂直的突出物，用于将剑（刀）柄与刀刃分离，也被称为十字护手钩。

火绳枪　早期的枪械，它使用慢燃的火柴来引燃。

J

机匣　通常而言，就是包含着枪机的枪件，不同于枪托和枪管。

加特林机枪　一种漏斗给弹的多管机枪，出现于美国内战期间，至今仍被用于一种电子操作机枪。

贾拉古拉　一种斐济族的战棍，有天然的锯齿牙刃。

剑（刀）柄　刀剑使用者握住刀剑的部分，通常由护手钩、握把和剑（刀）柄圆头组成。

剑　一种中国的短刀。

剑鞘　用于装剑的容器。

埃及的双刃弯刀

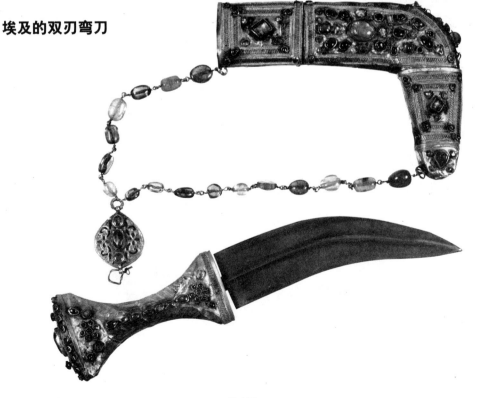

箭袋　一种装箭的容器。

K

考拉刀　尼泊尔的国刀。
口径　子弹的直径，以一英寸的一部分来表示，例如，.38口径，.45口径；或者以毫米来表示，例如，7.62毫米口径，9毫米口径。

L

喇叭枪　一种短的、带有一个向外展开的枪口的滑膛步枪（偶尔，也会是手枪）。
轮式闭锁　一种射击装置，它使用带弹力的金属轮摩擦铁或燧石产生火星。

M

马刀　典型的骑兵用短刀。
马穆路克刀　伊斯兰军队的奴隶士兵使用的一种弯刀，后来这种样式的刀在西方被用于礼仪。
拇指夹　一种使用螺丝挤压拇指或其他手指的刑具。

N

尼穆莎刀　一种北非的各种长度的弯刀。
弩弓　一种使用固定"弧度"的弓。
弩箭　它是一种短的、梭镖型的抛射体。

P

帕拉斯科剑　一种双刃剑，用于刺穿奥斯曼帝国的骑兵所穿的锁子甲。
帕图　一种短柄的战棍，它是新西兰毛利人的主要武器，也被称为帕蒂森。
抛掷长矛　最出名的是祖鲁人武士使用的抛掷长矛。

尼泊尔反曲刀

毛利人的帕图

Q

气体作用方式　一个用于描述枪械利用枪膛内的燃烧气体压力操作枪机的术语。

铅径　就短枪而言，是"口径"的同义词，在这种情况下，表示一磅的多少部分，例如，12 铅径就代表 12 毫米口径。

前膛装弹　用来指通过前膛装弹的枪。

枪机　通常而言，是一把枪的整个射击装置。

枪口　枪管的开口。

枪托　枪的用以抵住肩部进行射击的部分。

S

萨拉姆帕苏剑　非洲萨拉姆帕苏人的勇士使用的一种铁刃剑。

栓式枪机　枪的枪机是由枪栓操控的，或者是通过向回拉动枪栓（"直拉式"）或者是在一个旋转轴上。

双枪机　在一把手枪（左轮手枪或者是自动手枪）中，一个长扳机通过拉动它既发射武器，又可以将子弹推入膛室，准备射击。

双刃弯刀　一把阿拉伯弯刃匕首，它们不仅大多数装有饰品，而且也是一种有效的战刀。

双手剑　欧洲文艺复兴时代最长的剑，源自德语"双手"。

燧发枪机　枪械击发装置，在燧石夹上放一块含铁矿石，以弹簧力量打击摩擦铁片产生火花。

锁子甲　私人的盔甲，由许多固定在一起的铁片或钢片构成。

T

膛室　子弹射击前在枪中所放的地方。

特拉多　一种印度使用了几百年的火绳枪。

投石机　中世纪的弹弓。

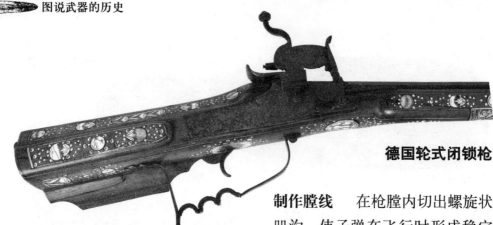

德国轮式闭锁枪

图尔沃弯刀 一种全钢制的、弯曲的印度马刀。

X

夏塞波步枪 一种19世纪法国的栓式枪机步枪。

Y

压动式枪机 一种由滑动装置操作的枪机，通常装在枪管的下面。

缘发式子弹 一种子弹，其底火平均地分布于枪的底座尾部周围。

Z

战刀 往往用于战斗而不是作为工具的刀。

针发式子弹 一种早期的构造较为完整的子弹，现在通常已经不再使用。

制作膛线 在枪膛内切出螺旋状凹沟，使子弹在飞行时形成稳定效果，以增加射击的准确性。

中发式子弹 一种底火密封在枪底座中部的洞中的子弹。

状刃短剑 一种马来西亚和印度尼西亚传统的刀。

撞击式雷帽 装有一种起爆剂的金属小圆帽。

子弹 装在现代枪械中使用的子弹，包括装在一起的弹头、火药、底火。19世纪在军用子弹出现之前，这一术语指为了方便前膛武器装弹而包在纸里的弹头和火药。

自动填充式 用手指扣动一次扳机射击一次，不必重新装弹的枪，与半自动这个词同义。

左手短剑 持在左手里的匕首，文艺复兴时期的欧洲白刃战中用于和剑配合使用。